U0346524

速成读本
A CRASH COURSE

建筑

Architecture

建筑
Architecture

Hilary French

希拉里·弗伦奇 著   刘松涛 译

生活·讀書·新知 三联书店   生活書店出版有限公司

图书在版编目（CIP）数据

建筑/（英）弗伦奇著；刘松涛译.—北京：生
活书店出版有限公司，2014.4
（速成读本）
ISBN 978-7-80768-028-4

Ⅰ.①建… Ⅱ.①弗…②刘… Ⅲ.①建筑史－世界
Ⅳ.①TU-092

中国版本图书馆CIP数据核字(2013)第274122号

出 版 人　樊希安
丛书策划　李　昕
责任编辑　苏　毅
装帧设计　陆智昌　罗　洪
责任印制　常宁强
出版发行　**生活書店**出版有限公司
　　　　　（北京市东城区美术馆东街22号）
邮　　编　100010
经　　销　新华书店
印　　刷　北京华联印刷有限公司

版　　次　2014年4月北京第1版
　　　　　2014年4月北京第1次印刷
开　　本　720毫米×1092毫米 1/32
印　　张　4.5
图　　字　01-2013-8114
字　　数　181千字 图片448幅
印　　数　0,001-8,000册
定　　价　43.00元
（印装查询：010-64002717
　邮购查询：010-84010542）

DEDICATION

For my daughter Jessie,
and for Nicholas.

目录

概述

技术框

这里你可以看到新方案、新技术、新材料以及所有能够赋予建筑师用于克服来自引力、财务有时甚至是理智之束缚的种种手段。

许多建筑史著作尝试着去解释为什么建筑会是现在的样子。其中，有些确实试图发掘并阐明历史的秘密。而大部分的书籍却像"故事书"，有始有终，大结局以20世纪现代主义的潮起潮落中某一趣闻逸事完场。

伊瑞克提翁神庙（公元前421～公元前406），雅典卫城。

这本书与其说是刻意于解释，不如说是着意于描述。没有情节，没有故事大纲，只是审视历史。本书以艺术史中常见的以类型和风格作分类手法，大致将建筑师和不同类型的建筑按年代整理出一条线索。与其介绍地方性的或具有民族传统的建筑，不如将重点放在建筑大师的作品上，

埃及萨卡拉（Saqqara）的昭塞尔（Zoser）阶状金字塔。

包括他们在文字中和图纸上的
建筑理念，或"尚未建成"的
作品。我们还尽可能地使用世
界著名建筑来说明不同的风格
或类型。

　　建筑的最初功能在于满足人类遮蔽风雨（以及寻求舒
适）的基本需要。不同的文化产生出了不同种类的建筑。
起初是不同的气候条件，继而是不同的宗教信仰和经济体
系，通过使用当地最容易得到的建筑材料，逐渐塑造出不

意大利威尼斯的圣乔治大教堂（设
计于1565年，建于1602~1610），
设计人是帕拉第奥。

同的"传统"和具有地方特色的建筑风格。认识这些地方性的建筑以及发生于其间的日常生活，是我们对人类生存环境的基本理解。

建筑还可能蕴含着许多其他的意义。作为一类"艺术"，它的价值远远超出房屋本身。作为历史，历经风雨仍屹立不倒的纪念碑、城堡、宫殿和教堂，突显着国家、皇族和宗教的权威。建筑更以其达到的高度和跨度，记载下人类科学的发展和技术的进步。就住宅建筑而言，有秩序的

风格点评

本框提供基本的细节，助你区分新陈代谢主义（Metabolist）和新理性主义（Neorationalist）的含义，使你从200码以外即能辨认维尼奥拉（Vignola）的作品。还介绍某一风格的关键部分，某一建筑师的标志，和接近的或同一流派的其他建筑。

法国巴黎的国立文化艺术中心外立面上的电动扶梯，设计人是皮埃诺和罗杰斯。

旁白

这里，作者将休息一下，并让您了解一些正在讨论的领域或建筑师的逸闻。是否被估计过高了？或者在当时的所谓新思想，现在仍然是一种革命性的建筑理念？不妨读读，想想。

能提供良好服务的生活空间，也成为文明高度发达的标志。

　　无论属于哪种文化，大多数建筑史只是倾向于探讨建筑的视觉效果，也就是说房屋看上去是什么样子的；对其实用功能，包括

西班牙毕尔巴鄂的新古根海姆博物馆（1998），设计人格瑞。

它们的结构特征以及使用方式则很少涉及。本书的文字和图片，也仅仅是尝试唤起您对建筑的感性认识。事实上，如果不熟知产生它的文化，你甚至不可能完整地理解，哪怕只是一座普通的建筑。本书对建筑史的审视也仅仅是一个开始，希望能鼓励您认识和了解建筑的形制、结构、采光以及装饰的基本常

曼哈顿的帝国大厦，建于1929~1931年，设计人是施里夫、拉姆和哈曼。

识，并因而了解设计师的理想和趣味。

读建筑史，就像徘徊在一连串的中兴与停顿之间，当

纽约的无线电城音乐厅，真正的
20世纪30年代艺术装饰风格。

某些新事物出现在历史上的时候，总是伴随着建筑的复兴。建筑从一种风格向另一种风格的飞跃也只是人们的想象。建筑一方面是面向历史，像任何实践性的技艺一样，曾经尝试过和可信的施工方法以及令人感到亲切和舒适的形象总是不断地被运用；另一方面则面向未来，渴望创造力的发挥，从创新中体会愉悦和兴奋。即使当今社会变得更复杂，对建筑的期待更高，但需求并未发生根本性的改变。正如一百年前勒萨比（W. R. Lethaby）在其著作《建筑、神秘主义和神话》（Architecture,

法国尼姆的画廊和图书馆
（照片右下方，1993），
设计人是福斯特。

Mysticism and Myth）中
所言，"伟大的艺术并
非是可以被轻易复制的
造型和外观，关键在于对高
尚需求的完美满足；生动的
建筑总是在不停的变化之中
推动向前"。

巴黎新艺术风格的地铁入口之一
（1899~1904），设计人是格
里马尔。

　　建筑属于每个人。建筑
不像绘画和音乐那样能够被
回避，它的历史和不朽的遗迹，总是萦绕在我们的左右。
我们对建筑的体验是不同种类的房屋，是大城小镇中每日
的活动空间——正是这些构成了普通人的生活。

希拉里·弗伦奇

公元前3100年
美尼斯（Menes）征服下
埃及的德尔塔（Delta）王
国，全国统一于一个权威
之下。建都于孟菲斯
（Memphis）。

公元前3000年~
公元前2800年
埃及开凿运河。庆典中有
笛子和小手鼓奏乐。

公元前2400年~
公元前2200年
垂直织机被引入埃及，
此前人们用钉在地上的
水平织机织布。

公元前3400年~公元前900年
金字塔的权威
埃及人

昭塞尔王的阶状
金字塔

巨大的、匿名的、无人情味的
金字塔，很可能是世界上最早
出现的纪念性建筑。金字塔均
由耐久的天然石块筑成，以确

保永存不变，同时象征了埃及人对来生的重视：
和有限的生命相比，精神具有永恒的重要性。

像萨卡拉（Saqqara）的昭塞尔
（Zoser）金字塔一样，最早出现的
金字塔都是阶状的。后来这种阶状金字塔
被填平而变得光滑。历史上最高的金字塔
是吉萨（Giza）的齐阿普斯金字塔（Cheops;
或称胡夫金字塔，Khufu），这座金字塔内
有两个墓室，一个宽敞的画廊和许多通风
孔。神庙是另一类永久性建筑，通常设计
成方形，由经过切割的石块组成的梁柱结
构筑成，柱子被精确地安排在栅格点上。
典型的柱头被切割成棕榈叶的形状，模仿
简单的房屋，取材尼罗河两岸常见的荷
花、芦苇或甘蔗。进入神庙首先要穿过一
个庭院，一个堡垒或由斜墙构成的塔门。
通常唯一可见的建筑是和狮身人面像
（Sphinxes）相连的入口。

底比斯城（Thebes）卡纳克的阿蒙神
庙中的多柱大殿，公元前1530年~
公元前323年。

卡纳克和卢克索

古埃及中王国时期的建筑基本没有保存
下来，而新王国时期（公元前1570年~公
元前1085年）的一些壮观的神庙建筑至今
可见。在卡纳克（Karnak）和卢克索
（Luxor）有大量新王国时期的殿堂，当
中密布着纸莎草形的柱子，高处有天
窗让阳光婆娑进入。

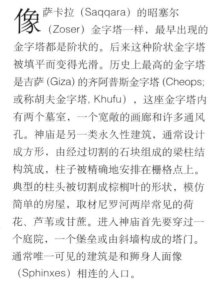

公元前2000年
埃及人发明了一种可以不弯腰就能提水的工具桔棒（Shaduf）。工具很好用，以致沿用到今天。

公元前1360年～公元前1280年
图坦卡蒙（Tutankhamun）头戴灿烂的金质面具葬于墓中。

公元前1190年
拉美西斯三世（Rameses III）击退了来自东地中海和里海的海盗。

阿布辛拜勒（Abu Simbel）的大神庙有一个塔门，正面有数座20多米高的雕像。许多传统的庙宇，像托勒密（Ptolemaic）王朝中幸存下来在伊德富（Edfu）的何露斯（Horus）神庙，和在菲莱（Philae）的伊希斯（Isis）神庙均于亚历山大大帝帝国崩溃后建设。

"N"的含义……

法国皇帝和第一位现代煽情演说家拿破仑（Napoleon Bonaparte, 1769~1821），对艺术很有鉴赏力。虽然埃及的建筑形式在法国大革命以前就已经为法国人所知，但金字塔却是他在1798年埃及战役中亲自发现的。拿破仑深深为金字塔的艺术风格所打动。事实上，为了使它们成为自己的纪念碑，他所到之处，皆刻上一个"N"。新皇帝很快移情于罗马帝国风格，并在欧洲各地修建了许多纪念碑，因而树立了某一种规范。那么，金字塔呢？我想拿破仑一定会喜欢1986年建于卢浮宫广场上的那座玻璃金字塔……

墙上的名字

尽管我们对古埃及时期的建筑师所知寥寥，但我们知道伊姆霍特普（Imhotep）是昭塞尔王（King Zoser）的大臣和建筑师，并且负责兴建了位于埃及萨卡拉（Saqqara）的已为人知的第一座金字塔。然而情况可能并不那么简单。在伊德富发现的一份史料称，建于吉萨的金字塔得于神的启示。但时来运转，伊姆霍特普本人后来成为了下埃及的一个神。在20世纪，埃及建筑师法蒂（Hassan Fathy, 1900~1989）由于其复兴了阳光烘干制砖和被动冷却系统两项民居建筑技术，以及为穷人提供住房的不懈努力，获得了广泛的认可。

著名的第四王朝时期的三座金字塔，在开罗的吉萨，是保存最完好的金字塔。

门卡乌拉金字塔

海夫拉金字塔

齐阿普斯金字塔

公元前800年~公元前750年

古希腊史诗《伊利亚特》（Iliad）和《奥德赛》（Odyssey）写作完成，可能出自荷马（Homer），荷马究竟是一人或是数人，是否来自小亚细亚还是一个谜。

公元前750年~公元前700年

手擎七弦琴的吟游诗人在希腊成为一种职业。

公元前580年~公元前540年

黑花纹陶罐的制作工艺达到顶峰，图案大多是神话故事，也有些内容以运动为题材。

公元前850年~公元前297年

神庙建筑
希腊与希腊化时代

古希腊建筑所体现出的美，几乎得到了一致的承认。这些建筑完美地将朴素的形式、与人体活动相适应的尺度，以及与材料和施工相适应的装饰结合在一起。为了使建筑看上去更加自然，与周围环境的关系也很重要，因此，古希腊的剧场通常是半地下的。像建筑之间所保持的空间距离，为市民、商人、哲学家提供的辩论场所，都暗示着社会结构与城市布局一致的重要性。

卫城中爱奥尼式的伊瑞克提翁神庙（Erectheion，公元前421年~公元前406年）代替了波斯入侵时遭到破坏的雅典娜神庙（Athena）。女像柱（Caryatids）支撑着南立面门廊上的屋顶。

幸存的石结构建筑，采用了与木结构建筑一样的有梁体系。早期的建造方法产生了比较简单的结构形式，一般是以砖墙和木质的柱支撑着木质的主梁和过梁。在像庙宇这样的重要建筑上，木材渐为石材所取代。经典的庙宇建筑虽然体量上有别，但都只在形式相同的要素下作小小改动，主要是一端有柱廊的方形封闭空间。最复杂的庙宇建筑也不过是在内部有几个房间，而在两端均设柱廊，房屋侧面有过道和双排柱而已。石结构通常经过艺术处理或粉刷，涂漆或金箔装饰都以同一色彩搭配。浅蓝色用于多立克柱式的三陇板和檐口，红色用于檐口与带饰之间，饰以金星的蓝色用于天花板，而镀金的青铜用于雕像。

柱和中楣的形式有很丰富的变化。不同的风格称为柱式（Orders）。多立克柱式（Doric）出现得最早，并以希腊大陆的多利安人命名。多立克柱身矮粗，开有凹槽，向上收身，顶部采用普拙的方形柱头，没有底座。爱奥尼柱式（Ionic）流行于小亚细亚沿岸和爱琴海诸岛。爱奥尼柱柱身一般较细，凹槽较为精致，柱头也经过了加工，每一面都刻有精美的爱奥尼盘螺图案，通常有一个方形的底座。现存的

约公元前387年
柏拉图（Plato）在雅典建立学院，向雅典贵族子弟传授哲学。

公元前350年
雕塑家普拉克西特利斯（Praxiteles）创造了科尼杜斯的维纳斯（Venus of Cnidus），是第一件裸体女像雕塑。

公元前220年~公元前180年
希腊各城邦开始实施城市规划。以弗所（Ephesus）和米利都（Miletus）因市场杂乱被捣毁，以干净的广场取代。

墙上的名字

希腊人是"建筑师"（architect）一词的发明人，并可能是最早使建筑师承担合同责任的。以弗所（Ephesus）的一部法律说，如果建筑师的"额外费用"超过合同金额的25%，则他可能被判决对此承担个人责任。虽然并非没有作出检讨，但希腊人一直在探求形式和比例永久有效的规则。埃莫赫内斯（Hermogenes）是建筑师和杰出的希腊化建筑理论家，他在兴建一座庙宇时，通过抛弃多立克柱式采用爱奥尼柱式来表达出一种强烈的情绪。他认为"运用三槽板和三联浮饰（triglyphs）既麻烦又不和谐"，令人惊叹……

古希腊最典雅的寺庙大多采用多立克柱式或爱奥尼柱式。

希腊化时代

科林斯柱式（Corinthian）发明于公元前5世纪的雅典，柱头被设计成更加精美而略显浮夸的忍冬草叶形。虽然当时很少被使用，但流行于亚历山大帝国的希腊化时代（Hellenistic，公元前356年~公元前323年）。大型建筑奥林匹奥（Olympeion，公元前174年~公元131年）是最早使用科林斯柱式的。亚历山大帝国还出现了严密组织的城市规划，并且产生了规划时进行抽象控制的工具："坐标"。亚历山大城（Alexandria）、普南城（Priene）以及米利都（Miletus）的规划，都充分体现出对建筑造景功能和纪念功能的重视。防御工事的建造情况告诉我们，用于军事目的的设计亦有所发展。

如果用我的方式观察

希腊人不断追求完美。如果柱子是笔直的，则它看上去中间会显得向里凹；如果底座和檐口的线条是完全水平的，则看上去中间会显得向下垂。因此，希腊的建筑师对线条作了视觉修正：为了显得直，柱子的中段通常向外凸；帕特农神庙的柱子甚至向内倾斜60毫米，以使它们看上去不向外倾；底座通常用圆滑的曲线使短边的中部向上凸出60毫米，长边的中部向上凸出110毫米，以使它们看上去不下垂。

多立克式的帕特农神庙（Parthenon，公元前447年~公元前436年）是雅典卫城的主要建筑。

向上起弧的柱座

立面上有八根柱子

公元前44年
神化了的恺撒（Julius Caesar）被他的朋友布鲁图（Brutus）一伙于3月15日暗杀。

公元30年
拿撒勒的耶稣，在耶路撒冷被钉死在十字架上。

公元330年
罗马皇帝君士坦丁（Constantine）建立了他的东部首都君士坦丁堡（Constantinople）（后称拜占庭，Byzantium和伊斯坦布尔，Alstanbul）。

公元前509年～公元1200年

帝国建筑
罗马与拜占庭

加德桥水渠

罗马人取代东意大利的伊楚利亚人（Etruscans），建立了一个强大的帝国。起初帝国的疆域仅限于意大利的几个小邦，随后向西席卷大部分欧洲，向东到达波斯帝国（Persian Empire）。罗马人通过广泛的立法显示其统治，且不断扩大疆域并加以控制，忽略自然地貌修建笔直的大路，将整个城市由无情的坐标严格监管，都是这种统治的直接反映。

伊斯坦布尔圣索菲娅大教堂的穹顶内部（532～537）。

罗马的公共建筑采用直线型封闭式空间，与希腊的开放式空间相对立，它包容并限制人的活动。这种建筑形式上的差异，显示着社会从民主走向专制的制度。罗马时期的建造技术，与希腊时期的已经明显不同，这使得罗马人可以自由运用过街楼、大型公共浴室以及平民住房来控制城市景观。希腊建筑广泛采用梁柱结构，而罗马建筑则擅用墙体。由砖和小石块砌筑成的墙可以达到更大的高度，通过半圆拱的连接，房屋的开间几乎没有任何尺度上的限制。由于开始使用混凝土材料，庞大的结构可以很轻易地实现。此时经典的柱式经过变化，仅仅成为石质墙体表面的一种装饰。

幸遇

由弗拉基米尔一世（Vladimir I）在拜占庭招募的石匠，将石造房屋技术及穹顶设计传入俄罗斯。方锥形的屋顶在不断的修正中延续，但通常只具有穹顶的特征，这样的穹顶总是坐落在加长的鼓座上。像莫斯科红场上的圣巴西尔大教堂（St. Basil's）这样的祈祷教堂，显示出与拜占庭风格相似的构思，只是穹顶变为八角形，开放的回廊和半圆形小穹顶环绕着中部高耸的空间。精巧的装饰和异国情调的洋葱形穹顶，在17世纪被融入既有的风格。

早期的基督教建筑
（公元200年～公元400年）

早期的基督教建筑，像墓窟、祭坛（通常为圆形，用来标记献祭场所）和礼拜堂，大约建于公元200年。公元391年，基督教成为罗马帝国国教时，教堂定型化为长方形的巴西利卡式（basilica）。最初设计

公元410年
罗马被西哥特人（Visigoths）洗劫；最后一支罗马军队离开英国。

公元425年
普拉奇达（Galla Placidia）的巨大坟墓建于拉温纳（Ravenna）；幽暗的内部因镶嵌画而显得异常生动，显示出拜占庭风格对西方建筑的深远影响。

公元527年
君士坦丁（Justinian）在东罗马帝国称帝。他和皇后狄奥多拉（Theodora,曾当女演员）以成功的政治、聪慧的立法以及辉煌的建筑开创了一个灿烂的王朝。

墙上的名字

由于维特鲁威（Vitruvius）建筑著作的广泛流传，我们得以对罗马建筑师有较多的了解，只是对维特鲁威本人是否建筑师有甚多疑问。虽然一位嫉妒的竞争对手曾说哈德良（Hadrian）皇帝除了削南瓜什么也不行，但是几乎可以肯定他就是大马士革的阿波罗尼奥斯（Apollonius of Damascus）。阿波罗尼奥斯被反复污辱之后惨遭斩首，引起了很大的非议。罗马人发明了混凝土、建筑法规、多层大型露天运动场以及供休闲用的综合建筑。

成集会形式，建筑典型的平面布局是直线型的，中殿较高，阳光从天窗透射进来，两侧布置有带柱廊的过道，曲线型的末端（后殿）原本是士师席，后为祭坛所在。

拜占庭（公元400年～公元1200年）

康斯坦丁（Constantine）大帝于公元330年离开罗马，在拜占庭（Byzantine，即君士坦丁堡）建立了一个新的首都。古典装饰主题以及罗马的建筑技术被引入，但东方的影响仍在延续。创新的知识、协调的比例和结构的复杂性，被认为比情感和感官感受

更为重要。由数学家安特米阿斯（Anthemios）设计建造的圣索菲娅大教堂（Hagia Sophia, 532～537）是拜占庭建筑最光辉的成果。由于中拜占庭时期（9～12世纪）的绘画及镶嵌画中表达出的象征主义，需要有更正式的建筑规划，十字交叉形布局便成为流行风格。这个布局在交叉点的鼓座上砌筑高主穹顶，通常周围的半圆形侧殿上环绕以较小的穹顶。

为了庆祝胜利

随着帝国版图和自负的膨胀，罗马的凯旋门也在迅速发展，特别是对得胜还朝的罗马将军，这是最荣耀的奖赏。如罗马广场上的提多（Titus）拱门，是为庆祝并记录罗马太子于公元70年洗劫耶路撒冷而兴建的。凯旋门的建造甚至可以追溯至公元前1世纪。早期的凯旋门是临时搭建的，后来成为永久建筑；有一门的，也有三门的，不仅在意大利可以看到，几乎整个罗马帝国都在兴建。凯旋门建筑不但表现出建筑师、石匠和雕塑家的高超技艺，同时也显示出罗马人自我吹嘘的方式。

上层是公元222年～公元224年后加建的

罗马大斗兽场（70～82）是典型的带斗技区的罗马建筑。

700年~1200年
沉重的结构
罗马风与诺曼风格

罗马风（Romanesque）一词发明于19世纪，用来描述沿用罗马建筑形式的建筑风格。它概括了相当广泛的时期和地域内建筑的共同特征。除了古拙、敦实的外表，还可以轻易地以圆拱门特征识别出来。建筑的外部与室内彼此相互呼应。

达勒姆大教堂（1093~1133）有交替的圆形带沟饰的柱。

修道院（Abbaye-aux-Hommes, 1060~1081），具有诺曼底（Normandy）教堂的精致典型。它在西立面有两座方塔，圆形拱门和木质屋顶非常典雅。

　　由于地处法国、德国与荷兰，因此，加洛林（Carolingian）建筑具有与其他罗马风建筑不同的特征，形成了独立的风格。并因公元800年神圣罗马帝国皇帝查理曼（Charlemagne）而得名。正是查理曼皇帝促进了建筑向拜占庭基督教风格回归，采用了长方形的巴西利卡式平面，但也有所变化：突出的高塔，东西两侧均设为主立面，以及罗马风建筑典型的厚重结构。

虽然明显缺少了罗马建筑的庄严和拜占庭建筑的神秘，但罗马风建筑仍以上述建筑的基本要素为主，既不强健有力也无凌人的气势，感觉上"更是亲切"。由征服者威廉（William the Conqueror）建造的康城（Caen）的荷马

1098年
西斯特教团（Cistercian）在法国勃艮第年（Burgundy）成立。至1200年，欧洲已经有五百多座西斯特修道院。

1139年
葡萄牙的恩里克伯爵（Alfonso Henriques）称帝，并雇用英国十字军将摩尔人赶出里斯本。

1334年
君士坦丁堡发生黑死病。热那亚商人将黑死病传入西方，附近的僧侣和城市居民受害最深。在这一时期修道院建筑已经没落。

亚琛（Aachen）的巴拉汀礼拜堂（Palatine chapel）是这一时期最具吸引力的建筑。

意大利罗马风建筑以细腻为主要特征；钟楼通常脱离教堂主体，拱廊多设计在建筑外部。在这类建筑中，比萨大教堂（Pisa Cathedral, 1063～1118; 1261～1272）以其斜塔最为著名。斜塔每层都有拱廊，而教堂的立面上也设有三层拱廊。

墙上的名字

在这一时期的欧洲，"建筑师"一词不再按照普通用法使用，它引发了那些奇怪的推测，说建造技术精良的石匠行会应对建筑业膨胀负责。但是实际上，代表上帝的教会应该对此负责。不过，至少有一位传教士提到，"建设的热情是一种罪，兴建修道院的经费是来自贪婪的高利贷、教士们可耻的谎言和奸计"。——勒尚特（Pierre Le Chantre），1180年，巴黎

平静生活的代价

克俭的中世纪僧侣生活，华丽的修道院建筑以及权威性教规三者是一种很奇怪的组合。此类遗迹激发了艺术家的灵感。不能设想没有廷特恩修道院（Tintern Abbey）的华兹华斯（Wordsworth），没有百兰德修道院（Byland）的特纳（Turner），没有方丹（Fountain）、惠特比（Whitby）的18世纪"自然美运动"。这些地方的安宁宣告了建设者的信仰和能力，也掩盖了教会和国家之间长达3个世纪的矛盾。

诺曼风格

在英国，罗马风建筑被称为诺曼风格。诺曼风格建筑始于爱德华神父（Edward the Confessor）修建的西敏寺（Westminster Abbey）。这一时期几乎所有大教堂和修道院都被重修，包括典型的罗马风建筑，有些还作了一定程度的修改：伊利教堂（Ely）的西立面只有一个塔楼；林肯教堂（Lincoln）在立面上设计了壁龛。大部分建筑都采用木屋顶，但达勒姆大教堂（Durham, 1093～1133）的中殿却采用了加勒拱，是最早使用这种复合结构的建筑之一。约克郡的方丹修道院（Fountains Abbey, 1157～1200）废墟，则展示了寺院建筑和封闭社会生活的全景图。

城堡也是封闭的社会。诺曼风格的护堤，通常外侧还有护城河和连接的外墙：如伦敦的白塔城堡（White Tower, 1086～1097）和萨福克郡的奥福德城堡（Orford, 1166～1172）。

比萨大教堂的斜塔（1174～1271），带有装饰性拱廊，是罗马风建筑较细腻优美的作品。

1096年
第一次十字军东征向圣地进发，伊斯兰教与基督教发生正面冲突。

1137年
飞券结构产生，它支撑结构的重量，使墙变薄，窗可以在墙上任意设置。

1144年
德蒙特爵士（Robert de Mont-Saint-Michel）这样描述夏特尔（Chartres）大教堂建筑："就像不可思议的魔塔将人们带上高空……男男女女都在歌颂神的奇迹……"

1100年~1250年
与上帝沟通
哥特式建筑

哥特式（Gothic）建筑由于运用复合飞券（flying buttress）达到了很高的高度，哥特式教堂从周围环境中脱颖而出，在天空构成了复杂优美的轮廓线。教堂内部修长的柱子一直通上不可思议的高度，曚昽的日光透过饰有彩色花纹的天窗玻璃照射进来，这一切使人感到恍如远离尘世。哥特式大教堂建筑运用最合理有效的结构，恰当地表达了宗教象征主义"神、人与自然"和谐统一的境界。

狭窄的壁洞强调了塔楼的垂直性

著名的圆形花窗（rose window）是圣母子与天使像

巴黎圣母院西侧的主要部分建于1220年~1250年。

更高更大！
在哥特式教堂建筑中，尺度是决定性的特征。埃米大教堂（Amiens，1220~1270）有7000多平方米，足以容下全城人口。斯特拉斯堡大教堂（Strasbourg，1245~1275）有40层楼高。博韦大教堂（Beauvais）的设计是最宏大的，但未能实现：1220年唱诗台开始兴建（与穹顶距离有48米），1284年时部分穹顶已经坍塌。大教堂只剩下唱诗台和两个侧翼，设计中的主殿没能建成。

哥特式建筑的基本特征，是结构上使用飞券、尖拱与加勒穹顶。这些基本元素形成了一个有勒的、笼子一样的结构，只需要很薄很轻的板去填补勒间的空隙。由于大大减轻了结构的重量，巨大的跨度也成为可能；同时拱门和加勒穹顶将每一跨度内的垂直荷载（建筑的重量）都集中于简单的几个点上，这样就可以用柱子作为主要的承重结构。在桥形拱门的一端与主结构分离的飞券，支撑着结构的侧向荷载。承担荷载的厚重墙体变得多余，柱子之间可以自由地设计成窗户。同样，其他的结构元素也一一担当着实用的角色。虽然教堂的东端附带一个半圆形后殿，似一个侧拱门，西端是一对有出入门

1174年
法国桑斯（Sens）的威廉（William）监督重建了坎特伯雷大教堂（Canterbury Cathedral）。他由于从脚手架上跌落而严重摔伤。

1180年
在西方世界，风车在法国首先出现。

1226年
路易九世（又称圣路易）登基。巴黎以及巴黎大学成为理性基督世界的中心。

廊的方塔，但总体上还是直线型结构。飞券上朝天的尖塔通过重力，将券结构约束在地上。高耸的钟楼既是指路的标志，又使钟声传向远方。

象征主义

巨大的哥特式教堂建筑与人们信仰的改变同时出现，人们不再盲目相信上帝是未知的可怕力量，与幽暗神秘的教堂在一起。上帝现身了，他的形象是一个男人，整个自然界是他的王国。教堂建筑本身就在讲述他的故事。圣徒和上帝的使者不再是匿名的，而是从刻在门上或壁画上的形象可识别出来。高挑的柱丛在顶部分支为穹顶的勒，象征着整个自然界。左右翼殿打破了长方形主殿的呆板形式，并为结

西班牙

在西班牙，哥特式教堂建筑并不十分流行。塞维利亚大教堂（Seville, 1402～1519）是一座独特的晚期哥特式建筑。它以一座清真寺为基础建成，由于将侧廊加倍而具有哥特式的特征。这一建筑是基督教建筑和穆斯林摩尔式建筑的奇特混合物。过去用作斋戒仪式的橙树前院变成了建筑的入口；尖塔则变成了钟楼。位于科尔多瓦（Cordoba）的著名的梅斯基塔清真寺（Mesquita）的摩尔式马蹄形拱门，也在13世纪吸收哥特风格变成基督教建筑。

构提供了侧向支持，这种布局称为拉丁十字形（Latin Cross）。教堂内部弥漫着音乐和香气；主殿内光线透过远离地面的天窗射入，象征着"神启"；镶有彩色玻璃的巨形窗户也通过光影传递着神的信息。和巨大、复杂的教堂建筑相比，人是那样渺小。

跨越空间的穹顶！

加肋穹顶是一项神奇的发明。在"罗马风"建筑和早期建筑所采用的柱面穹顶，主要问题在于跨度越大，穹顶越高，荷载越重。承担垂直荷载的连续墙就必须加厚；而且需要用扶垛（buttress）支撑增加的侧向荷载。加肋穹顶剔除了建筑上所有不必要的材料和重量。穹顶上的肋将垂直荷载集中于几个柱子上，而不像过去那样落在墙上。扶垛更像一排附加的柱，与建筑相分离，形成独特的飞券。

扇形拱

新构思的加勒拱意味着建筑可以变得越来越高。

1202年
比萨的数学家莱奥纳多（Leonardo，也称斐波纳切Fibonacci）写作《算经》（Liber Abaci），向基督教世界介绍阿拉伯数字。

1291年
威尼斯人制成了透明玻璃。窗户诞生了。

1300年
炼金术士格贝尔（Geber）发现硫酸。

H_2SO_4

1200年~1450年
这就是上帝
哥特式建筑2

彩绘玻璃圆花窗。

现存的哥特式大教堂建筑在英国和法国数量最多。法国的建造者比英国同行更勇于尝试新的结构：中殿修得更高，内部通常有几层；采用多级飞券；在交叉部用尖塔替换了传统的塔楼。法国的大教堂平面布局中，东端建有半圆形后殿，经常旁边会有几个小礼拜堂。

最早的哥特式建筑，是在巴黎附近的圣德尼修道院（Abbey of Saint Denis, 1140）旧有的唱诗台基础上重建的，它的平面布局中，后殿为独特的彼此相连的七个凸半圆形。巴黎圣母院（Notre Dame de Paris, 1163）是法国哥特式建筑的原型，高达32米，有三层飞券，双过

老房子上脱落的碎片？

参观欧洲任何一座伟大的哥特式教堂建筑，你首先看到的一定是壁龛中的雕像。这些雕像矗立在教堂的西大门和各外立面上。每一项设计都具有神学主题：着长袍的先知、使者、圣徒，有些还表现圣经的故事，如巴斯修道院（Bath Abbey）西立面的雅各之梦（Jacob's dream）。有些雕像甚至经过粉刷。在13世纪，雕塑就像蛋糕上的奶油，是大师级的工匠，而至15世纪，他们身上的镀金外衣开始褪色，雕塑者混迹于石匠之间，就像他们中的一个。

廊，半圆形后殿有许多小礼拜堂，西立面有双方塔和圆花窗。朝圣教堂夏特尔（Chartres, 1194~约1220）的设计是最通俗的。西端的塔楼和中殿是一座被火烧毁建筑（1135~1160）的遗迹。为了容纳大量朝圣人群，它设计了两个大型翼殿，包括两侧都有三门入口的宽大的过廊。

13世纪辐射风格（Rayonnant style）建筑产生于法国，是反映大体量主教堂风格而建的小教堂。巴黎的圣徒小教堂（Sainte Chapelle, 1243）创造了特别优美的空间：朴素的长方形，东端附带半圆形的后殿，供近距离观者欣赏的绚丽着色玻璃。小教堂的外部有各式尖塔。

哥特式风格由于教堂建筑及其加勒穹顶、飞券、画廊和大天窗，而可能成为欧洲最知名的建筑样式。但是如果将眼光放远，则可能会发现有些特征在12世纪前就出现过。听起来有点混乱。专家一致认为圣德尼修道院（Abbey of St Denis）是最早和最完整的哥特式建筑，但在不同地方发展了不同的风格。在英国，你先看看坎特伯雷大教堂，要寻找德、法风格的融合，就看科隆大教堂（Cologne Cathedral）。

1381年
泰勒（Wat Tyler）和凯德（Jack Cade）领导了英国农民起义。然而阶级关系并没有根本性的改变。

1387年
日耳曼工匠用北方哥特式风格重建米兰大教堂。

1415年
贝里公爵（Duc de Berry）收藏了12座城堡，并由兰堡（Limbourg）兄弟作为《Les Très Riches Heures du Duc de Berry》炫耀。

英国

哥特式建筑大约持续了三个多世纪，根据不同的特点，还可以进一步划为亚型。在英国，哥特式建筑的亚型是按窗饰的复杂程度粗略地以世纪划分。13世纪，"早期英国哥特"式建筑被称为"尖拱窗"式（Lancet），是复杂窗饰出现之前的单尖窗。坎特伯雷大教堂（Canterbury Cathedral）的圣三一堂（Trinity Chapel）就是一个恰当的例子。西敏寺（Westminster Abbey）在1245到1269年间按早期英国哥特式风格作大规模重建；14世纪后期这种形式又被用来扩建主殿。第二阶段在14世纪前后，被称为"装饰哥特"式或"曲线"式，窗饰变得复杂、有动感和曲线美。

墙上的名字

由于有建筑实践的不确定，许多石匠除了维护他们的建筑，可以不用管其他事情而得到很好的薪水。一些人则非常不幸地发现无事可做，"哥特式恐怖"似有新的含义。拜约（Bayeux）的女伯爵阿尔贝尔达（Albereda）砍了她的建筑师的头，以确保不会有人建另一座城堡和她的竞争。在德国，一位骑士为了信仰而帮助兴建一座教堂，却被顽固的法律条款活活用铁锤打死，尸体被抛入莱茵河。

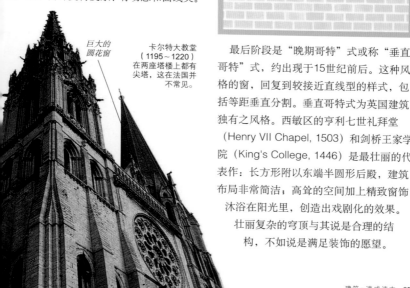

巨大的圆花窗

卡尔特大教堂（1195~1220）在两座塔楼上都有尖塔，这在法国并不常见。

最后阶段是"晚期哥特"式或称"垂直哥特"式，约出现于15世纪前后。这种风格的窗，回复到较接近直线型的样式，包括等距垂直分割。垂直哥特式为英国建筑独有之风格。西敏区的亨利七世礼拜堂（Henry VII Chapel, 1503）和剑桥王家学院（King's College, 1446）是最壮丽的代表作：长方形附以东端半圆形后殿，建筑布局非常简洁，高耸的空间加上精致窗饰沐浴在阳光里，创造出戏剧化的效果。

壮丽复杂的穹顶与其说是合理的结构，不如说是满足装饰的愿望。

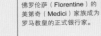

1403年
威尼斯市（Venice）对新入城的人进行检疫，防止曾肆虐欧洲的黑死病再复发。

1414年
佛罗伦萨（Florentine）的美第奇（Medici）家族成为罗马教皇的正式银行家。

1418年
亨利五世（Henry V）征服诺曼底（Normandy）首府鲁昂（Rouen）。

1420年～1550年
重见光明
文艺复兴

建筑进入书籍。

什么是文艺复兴建筑？这一问题的答案在乎您对语言的纯粹性要求有多高。对一些人而言，文艺复兴建筑意味着从15世纪佛罗伦萨开始采用的、至18世纪中叶传入法国和奥地利的建筑风格。对另一些人而言，文艺复兴建筑只是描述16世纪中叶巴洛克风格（Baroque）或称新古典复兴主义（Neoclassical revivalism）产生之前的建筑。

阿尔伯蒂设计的佛罗伦萨卢彻莱府邸（1446～1451），是住宅建筑立面上使用装饰性壁柱的早期范例。

两种观点在文艺复兴建筑起点上是一致的：即打破中世纪封建传统，重拾古罗马趣味。最早的文艺复兴建筑师为了忠实地复制原作，对古代遗迹进行了详细的研究。他们的图纸首次刊行就成为古典柱式的"设计指南"。凡是破坏这些规则或偏离正道太远的作品均遭到贬低，被称作"风格主义者"（Mannerist）、巴洛克、洛可可（Rococo）。当然现在再使用这些称谓时已不带有贬损色彩。

柱式就是规矩

在有些银行、市政厅或好莱坞历史片中，经常看到建筑上的精美的柱式。这些柱式都是由底座、柱身和柱头构成，各有不同的比例，有些古拙质朴，有些豪华精致。最早的是古希腊和古罗马建筑上的多立克柱式（Doric），没有底座；随后是爱奥尼柱式（Ionic），有底座，柱头有螺旋花纹；再后的科林斯柱式（Corinthian）也有底座，柱头有螺旋花纹，通常装饰忍冬草形的图案。现在的建筑只是仿旧。

从工匠到专家

过去，建筑师是和营造过程紧密联系的工匠，他们经常直接参与建设。然而，当主导的教会与出资的富裕家族都被新的氛围感染，转向追求艺术趣味的时候，房屋的设计与营造便完全是两回事了。建筑师从此具有创造者的身份。这一高尚的荣誉，是16世纪后半叶在意大利始创的学术团体大力推动下的一部分成果。

印刷

印刷术的发明，导致了首批

1431年
在法国，圣女贞德（Joan of Arc）被烧死在火刑柱上。

1446年
在意大利，布鲁内莱斯基（Brunelleschi）创造的文艺复兴风格正在进行当中；而在英国，哥特式建筑王家学院礼拜堂（King's College Chapel）开始兴建。

1506年
教皇尤里乌斯二世（Pope Julius II）为罗马梵蒂冈巴西利卡式的圣彼得大教堂（St Peter's Basilica）奠基。

墙上的名字

当罗马建筑的趣味被重新唤醒时，16世纪艺术史学家瓦萨里（Vasari）说建筑已经"灭绝"了。瓦萨里总是将哥特式与野蛮联在一起。罗马城使每个人成为它的俘虏。当布鲁内莱斯基（Brunelleschi）第一次看到它时被惊呆了，就像失去了一切智慧。而其他人更是争相前往一睹为快。法尔科内托（Giovan-Maria Falconetto）为了平息关于他所运用的檐口的争论，从维罗纳（Verona）旅行三百英里赶赴罗马。

建筑理论著作和学术论文的发表。阿尔伯蒂的《论建筑》（De Re Aedificatoria, 1485）以公元前1世纪维特鲁威（Vitruvius）的著作为基础，归纳了一系列的设计规则。塞利奥（Serlio, 1475~1554）的《建筑全书》（L'architettura, 1537~1551）是建筑师和建造者的参考手册。帕拉第奥（Palladio）的理论著作，运用插图介绍了自己的及古代的实例作品，具有重大的影响。这些书籍的经典地位一直持续到18世纪。唯一一部同时介绍中世纪建筑与古典建筑的是斯卡莫齐（Scamozzi）的《建筑思想的共性》（L'idea dell'Architettura universale, 1615）。

客观审视

阿尔伯蒂（Leon Battista Alberti, 约1404~1472）是文艺复兴的坚定拥护者。他的作品重质不重量（设计了六座，建成三座），被恰当地称为文艺复兴的主要理论家，通过《论建筑》一书确立了建筑几个世纪以来的审美标准。这是第一部系统阐述古典柱式应用的著作。当我们谈及和谐的比例、建筑透视以及罗马建筑风格对文艺复兴的启示时，一定要提阿尔伯蒂的名字。他是一位真正的天才。

布鲁内莱斯基设计的佛罗伦萨育婴堂（1421~1445），比古罗马更具托斯卡纳和罗马风格。

釉面赤陶浅浮雕

由一块石头做成的柱

科林斯柱头

1450年
佛罗伦萨、米兰与那不勒斯结盟，以确保和平与三地的艺术繁荣。同时，阿尔伯蒂发明了一种测量风速的装置。

1450年
恺撒（Julius Caesar）制定的历法已经有十天误差，开始修订。到1582年完成时，每个人都可以知道日期了。

1452年
阿尔伯蒂完成了他的建筑文，文中他将数学中的与音乐运用于三维世界

1420年~1500年
伟大的穹顶
布鲁内莱斯基与阿尔伯蒂

布鲁内莱斯基的佛罗伦萨大教堂（1420~1434）顶上的八角形穹顶。

政权和地方势力控制着早期意大利文艺复兴。处于主导地位的不再是世袭贵族，而是新兴的意大利商人家族，如佛罗伦萨的美第奇家族（Medici）、米兰的维斯孔蒂家族（Visconti）和斯福尔扎家族（Sforza）。新财富带来新气象，他们成为新兴建筑市场中的客户。收购艺术品和眷养艺术家以及出资修建宫殿和教堂，都成为一种时尚。这一时期的大量建筑和精美的绘画、雕塑作品，都被打上了这一新阶级统治的烙印。

这是一个科学和艺术大发展的时代：知识分子致力于探求事物的规律和含义；画家发现了透视原理；雕塑家关注人体的解剖结构；建筑师们则创造出比例、几何与对称的新规则。这一切都导致了创新和成就。

布鲁内莱斯基

布鲁内莱斯基（Filippo Brunelleschi, 1377~1446）开始以金匠和雕塑为业，然后倾心于建筑，在佛罗伦萨的圣玛利亚教堂（Church of Santa Maria del Fiore,

1436）的设计中，首先完成了具有文艺复兴特色的集中式穹顶。布鲁内莱斯基尝试不设临时支撑，在交叉点上完成八角形穹顶的建造。他以一个至今仍保留在内的自支撑半球形穹顶为依托，实现了该设想，并因此赢得广泛的赞誉。

除了创新结构技术的实践，布鲁内莱斯基还推动了几何学知识的进步。圣洛伦佐教堂（San Lorenzo）的圣器收藏室（1428）就是一个这样的杰作：该设计从覆盖两个不同直径的球面（一个球面内切于某一正方体，另一个球面外接于同一

1454年~1457年
乌切洛（Uccello）为美第奇家族的华宅绘画战争画。他用新的方法显示空间、透视和三维尺度。

1458年
土耳其人袭掠了雅典卫城。

1472年
伊凡大帝（Ivan the Great）自立为俄罗斯沙皇，并与拜占庭末代皇帝的侄女结婚，目的是使莫斯科成为新的君士坦丁堡。

正方体）而得到构思。通过白色粉刷墙面与灰色石材的强烈反衬，强化了空间的戏剧化效果。布鲁内莱斯基深受12世纪托斯卡纳罗马风的启发。

阿尔伯蒂

布鲁内莱斯基还是以罗马风和中世纪建筑为设计的基础，而阿尔伯蒂（Leon Battista Alberti, 1404~1472），一位作家、学者和建筑师，却完全以古罗马为其建筑灵感的来源。他为佛罗伦萨的新圣马利亚教堂（Santa Maria Novella, 1456）设计的立面，更多地采用复制古代的形式，如过廊屋顶前的卷形装饰板。在卢彻来府邸（Palazzo Rucellai, 1451），他用三层古典柱式装饰立面，模仿了古罗马的大斗兽场（Colosseum）。阿尔伯蒂的最后一个作品是曼图亚（Mantua）的圣安德鲁教堂（Church of St. Andrew, 1472），他运用罗马纪念性拱门设计了一个给人深刻印象的立面，立面仅仅遮盖了后面的建筑。

墙上的名字

与哥特式建筑时期大多数的匿名工匠相比，众星璀璨的文艺复兴建筑师更多地被记载下来。阿尔伯蒂被称作"第一位伟大的建筑艺术爱好者"，他缺乏实际的建筑业务经验。鲁斯蒂奇（Rustici）是一个性格古怪、暴躁易怒、冷酷无情的人，除了建筑他还研究超自然的玄术。大约在1423年时，还有一位女建筑师被记载下来，她姓加迪（Gaddi），名字不详，据称她的才华可以与布鲁内莱斯基媲美。

穹顶是必需的

从罗马的万神庙（Pantheon）到伦敦格林尼治的千禧年建筑，穹顶是巨大的工程。它们是不可想象的建筑。永久的造型架、木质的圆锥框和链条在最精心建造的结构中都被使用。外部造型无论采用降落伞形、南瓜形、雨伞形或洋葱形，都很少与内部造型一样。内外穹顶之间的空隙，通常设有通向天窗的盘桓而上的楼梯。

多色饰面

过廊屋顶上的卷形装饰

阿尔伯蒂的佛罗伦萨新圣马利亚教堂（1456）的立面与后面的建筑是"分离"的。

1452年
文艺复兴最杰出的
艺术家之一，达芬
奇（Leonardo da
Vinci）出生。

1453年~1456年
雅典遭洗劫，希腊学者纷纷逃往
意大利的城市。他们除了学问一
无所有，并向意大利人传授知
识。文艺复兴开始了。

1477年
波提切利（Botticelli）
绘制了永远为人所
爱的名作《春》
（Primavera）；画家
提香（Titian）出生。

1500年~1530年
完美的和谐
布拉曼特和佩鲁奇

文艺复兴全盛时期的罗马深具和谐、朴素与安详的特征。这里到处都是古代建筑，发展古代建筑风格最理想不过。此外，罗马还是富有的教皇的基地，不断重申他自己正面对新教运动和新兴资本主义的竞争。恢宏的建筑无疑在发出一种信号：告诉世人谁执牛耳。

布拉曼特设计的位于罗马蒙托里奥的圣彼得教堂（1502~1510），坐落在安静的庭院内，是一座极小的圆形宗教建筑。内部直径仅15英尺（约合4.5米）。

从布衣到豪绅，布拉曼特（Donato Bramante, 1444~1514）是再创造正宗罗马建筑的主要代表。由于布拉曼特出身贫寒，帕拉第奥（Palladio）这样评价这位天才："将精美的建筑引向光明的第一人"。他的蒙托里奥（Montorio）的圣彼得教堂（Tempietto di San Pietro,

追求完美的拉斐尔

作为一位画家，这个北意大利男孩所达到的水准，多年来都没有人可以达到。他的作品迫使我们不得不面对风格主义。《童贞的婚礼》（Betrothal of the Virgin, 1504，米兰）和为教皇尤里乌斯二世装饰梵蒂冈宫的大型壁画（从1508年始）等，都是他最优秀的作品。但是建筑同样是拉斐尔作品的精髓，虽然几乎未曾传下作品。他对建筑的兴趣来自受邀做罗马古建筑的管理人，以及身边众多的古物。由于各方面的要求，他无法在应付政权的压力和文艺复兴艺术之间取得平衡。实在太可惜了。

1502），被认为是文艺复兴全盛时期建筑的最完美范例。这座建筑突破了阿尔伯蒂创造的简单、严格的审美规则，中部空间由一个多立克柱廊和严格按照罗马规则建造的底座所包围，顶部是一个更接近基督教建筑风格的鼓座和一个半球形的穹顶，墙上饰有内凹的壁龛和半露的壁柱。

布拉曼特职业生涯的飞跃，是被教皇尤里乌斯二世（Pope Julius II）选中由他提供的圣彼得大教堂和梵蒂冈的重建方案。布拉曼特的设计方案是中央希腊十字式（Greek cross），是一个象征完美的符号，教堂设计成完全对称的形式，中心穹顶与万神庙（Pantheon）穹顶的体量相同，周围还有四个较小的穹顶。整座对称的设计矗立在一个巨大广场的中心。但是，1513年教皇尤里乌斯去世，一切都停了下来。

1480年~1490年
航海家，包括意大利的哥伦布（Cristoforo Columbo）到世界各地探险，发现了许多以前只有原住民才知道的"新"大陆。

1537年
维萨里（Andreas Vesalius）成为帕多瓦（Padua）大学的解剖学教授，人体解剖学被列入教学大纲。

1543年
哥白尼（Copernicus）去世，不朽名著《天体运行论》（De Revolutionibus Orbium Caelestium）问世。

能人太多？

曾参与兴建和装饰圣彼得大教堂和梵蒂冈宫的建筑师名录，好比文艺复兴的名人殿堂。布拉曼特（Bramante）、米开朗基罗（Michel-angelo）、拉斐尔（Raphael）、贝尔尼尼（Bernini）只是众天才中的四位。圣彼得大教堂最初采用布拉曼特的方案，在当时是巨大的创新和革命：非常阔大的四方大厅，周围对称布置的小礼拜堂，穹顶置于恢宏的拱门之上。然后问题接踵而至：教皇驾崩，资金枯竭，所有都要改变。1514年，拉斐尔接替了工作，用巴西利卡式取代了原来的方案；1520年，拉斐尔去世，由佩鲁奇接替；后面的继任者是1539年的小桑迦洛（Sargallo）。他们修改布拉曼特原始方案的大部分工作最终被废弃了。

佩鲁奇

20年后，所有古典规则都被忽略。安详的风格已过时，生动与夸张的效果受青睐。这种"风格主义"倾向源于佩鲁奇（Baldassare Peruzzi, 1481~1536），他最杰出的代表作是法尔内西纳别墅（Villa Farnesina, 1511）。设计包括花园中的敞廊，建筑的主要房屋不是设在首层，而是在较低的地坪上。佩鲁奇的

墙上的名字

建筑史上权威的评论家的名字，以字母"V"开头似乎成了规律。我们已经遇到了维特鲁威（Vitruvius）。现在有 Vasari 和 Vignola。瓦萨里（Giorgio Vasari）的《名人传》（Lives of the Artists）反映出文艺复兴艺术家的多才多艺，他们精于建筑、数学、绘画、雕塑和科学。维尼奥拉（Giacomo Barozzi da Vignola）的《建筑五柱式规范》（Regole delle cinque ordine）谈建筑方法，也非常流行。

另一杰作是马西莫府邸（Palazzo Massimo alle Colonne, 1532~1536），充分体现了风格主义的非正统特征：建筑是非对称的，而且跟随街道的曲线；立面更是在嘲讽一切成规定式，下层采用爱奥尼柱式和厚重的粗面石工，上层则较为光滑，极少设计表达。

米开朗基罗设计的穹顶直径41.9米（137英尺6英寸）

为纪念教皇的权威而兴建的罗马圣彼得大教堂及其广场和梵蒂冈宫，是从布拉曼特到贝尔尼尼等建筑大师合作的结晶（1506~1626）。

马代尔诺（Carlo Maderno, 1612）设计的立面

圣彼得广场周围的柱廊

1475年
在布吕热（Bruges），卡克斯通（William Caxton，1422~1491）印刷了第一本英文书籍《世界镜鉴》（Recuyell of the Historyes of Troye）。

1450年~1667年
罗马的圣彼得大教堂重建。罗塞里尼、布拉曼特、拉斐尔、达·桑迦洛、米开朗基罗、德拉波尔塔、丰塔那、马代尔诺、贝尔尼尼都曾参与工作，而圣彼得大教堂则成为文艺复兴、风格主义与巴洛克的结合品。

1495年
梅毒从那不勒斯传播扩散。法国海员被指责为罪魁祸首。

1530年~1570年
米开朗基罗
是的，就是那个米开朗基罗

米开朗基罗（Michelangelo，1475~1564）是伟大的诗人、画家、雕塑家和建筑师。充满灵感和想象力的他，拒绝使用被布拉曼特一丝不苟地严格遵从的维特鲁威规则。他抛弃了古代文明和谐安详的特征，创造出令人兴奋的戏剧化效果，强烈地刺激着人们所有的感官，不仅仅是视觉。

尽管米开朗基罗建筑成就伟大，他的名字因梵蒂冈西斯廷礼拜堂的天花板壁画（创世记故事，1508~1512）而广为人知。

佛罗伦萨圣洛伦佐教堂（San Lorenzo, 1521）中的美第奇家庙，是米开朗基罗革命性设计的最早范例。平面布局安排，灰色石材与白灰浆的使用，都很像过去的圣器收藏室，但视觉和装饰的组成要素却是大胆的与反传统的：门上的檐口似乎刚刚可以支撑住巨大的神龛；雕像群位于距地面3.96米的高度，引领目光向上；柱子不再仅仅位于楣构之下；墙体表面也不再简单平滑，而被加入装饰的成分，成为雕塑性要素。

伟大的米开

米开朗基罗（Michelangelo Buonarrotti）出身贫寒，与贵族建筑师阿尔伯蒂（Alberti）等不同，这位艺术建筑大师的一切都是超越生命的具有革命性的。这个工作狂以其雕塑和西斯廷礼拜堂（Sistine）的花板壁画著称，但他确实是一位伟大的建筑师。他挑战并改变了传统的建筑空间观念，通过塑造空间陈述理想。这些典型的富有创意的成果，却被淹没在他那些受人爱戴的神迹作品当中：部分原因是由于西斯廷礼拜堂的巨大成功，同时他的所有建筑作品在去世时都没有竣工，而是由不管水平和能力如何的人代为完成。

约1550年

文艺复兴正处于十分繁荣的阶段。意大利人发明了台球游戏。

1561年

带洋葱形穹顶的巴西利卡风格的圣巴西尔大教堂在莫斯科建成，以庆祝"雷帝"伊凡（Ivan the Terrible, 1530～1584）的多次胜利。

1564年

莎士比亚（William Shakespeare）、马洛（Christopher Marlowe）、伽利略（Galileo）诞生。罗马教廷公布了一批禁书目录。

米开朗基罗在罗马

1534年，米开朗基罗承担了他在罗马的第一项设计任务，对他而言，这一任务与后来承担的重组市政广场的设计一样重要。在这个设计中，他展示了与在佛罗伦萨时的同样雕塑效果和非比寻常的特征。广场围绕着椭圆形（这还是椭圆形要素首次被使用）的高地；建筑立面向外延伸，打破了固有的轮廓。和早期文艺复兴长方形广场中的固定视点不同，空间被设计成可以从很多角度展开视野，并且达到移步换景的效果。立面上采用打破层与层界限的巨大柱式，这一设计成为风格主义的共同特征。

1546年，当米开朗基罗被选任完成圣彼得大教堂的工作时，他重申了布拉曼特的思想，抛弃了大部分拉斐尔和桑迦洛的改

布鲁内莱斯基的圣洛伦佐礼拜堂中的美第奇家庙，是米开朗基罗最早的建筑作品。

动，重拾布拉曼特原设计的集中式平面布局，只是将穹顶略为缩小。然而，很多米开朗基罗的设计最终也被马代尔诺（Carlo Maderno, 1566～1629）于1612年完成的正殿和立面所遮盖。

墙上的名字

罗马诺（Giulio Romano, 1492～1546）是画家和建筑师，他的作品接近风格主义，有时被称作"表现主义"，希望通过作品使观者从建筑获得感官上的体验。他在曼图亚（Mantua）的茶宫（Palazzo del Te, 1526～1531）是一个带庭院的单层建筑：立面是革命性的，一侧为光滑的墙面和瑟利安（Serlian）窗，另一侧却朴素厚重带有乡村气息。罗马诺还在建筑上应用了托斯卡纳柱式，内部性爱主题的壁画也令人难忘。

劳仑齐阿纳图书馆

著名的劳仑齐阿纳图书馆（Laurentian Library, 1526）位于佛罗伦萨的圣洛伦佐修道院（San Lorenzo）。它高大宽敞的门厅由三段楼梯所统驭。这座建筑同样体现了一系列的反传统特征：座架并不支撑什么；半露的壁柱向下逐渐收细，成双地嵌在凹处，更像壁龛里的神像。好奇和惊喜紧抓我们的注意力。这里没有一件有造型的雕塑，但建筑本身已经变成了栩栩如生的抽象雕塑。

1531年
"大彗星"（the Great Comet）引起了恐慌，是16世纪30年代世界六大恐怖事件之一（只有新的天文学家除外）。

约1550年~1572年
替伏里（Tivoli）的隐修院被改建成奢华的德斯特别墅（Villa d'Este），有喷泉、装饰湖、瀑布、洞穴等等。

1566年~1578年
维尼奥拉（Vignola）完成了位于维泰尔博（Viterbo）附近巴尼亚亚（Bagnaia）的兰特庄园（Villa Lante）。这座别墅的一个特征是在花园里有一套水冷餐桌。

1510年~1590年
注意风格主义
维尼奥拉

当你步向米开朗基罗这样的艺术巨人之后尘时，这或许是最吃力不讨好的工作。但维尼奥拉（Giacomo Barozzi da Vignola, 1507~1573）却可以证明他有资格应付。他接替了米开朗基罗在圣彼得大教堂的工作，并且成为罗马最杰出的建筑师。维尼奥拉在移居罗马之前，曾在波洛尼亚（Bologna）学习绘画和建筑。他在罗马的许多教堂和精美的别墅，对后世有深远的影响。

那清凉的水

罗马人发明了通过崎岖地形送水到家中的方法。大概如此：他们的输水设备是用石材或砖砌筑一个倒置的拱门形结构，以此支撑一个石槽，水在石槽中流淌。最辉煌的范例是公元前1世纪兴建于法国尼姆（Nîmes）附近的加德桥水渠（Pont du Gard），而公元2世纪于西班牙塞戈维亚（Segovia）的输水道，至今仍为当地人使用。不仅于此：英国工程师在18世纪大运河时期开凿了驳船运输水道。

为教皇尤利乌斯三世（Julius III）兴建的朱莉娅别墅（Villa Giulia, 1551~1555），空间组成给人印象深刻，且具有重要的概念突破。米开朗基罗将墙面雕塑化，而维尼奥拉则将整个空间雕塑化。维尼奥拉设计的墙面，不但是包容内部空间的边界，而且本身就成为外部空间，内外之间界限变得模糊了。当你穿越相当严肃对称的立面时，立即就有半圆形的庭院映入眼帘；景观在两侧都经过精心塑造，庭院一分为二由半透

朱莉娅别墅由一个大型粗面石拱正门统驭。大石拱门与上方楣构重叠。

1577年
帕拉第奥（Palladio）受命兴建救世主教堂（Church of the Redentore）以庆祝威尼斯摆脱可怕的黑死病。

1573年
英国建筑师琼斯（Inigo Jones）和意大利画家达卡拉瓦乔（Michelangelo da Caravaggio）诞生。

1590年~1600年
剧场建筑同莎士比亚（Shakespeare）、琼森（Jonson）、马洛（Marlowe）的戏剧一道风靡伦敦。

柱面穹顶的敞中殿

过廊屋顶上的旋形花饰

维尼奥拉设计的罗马耶稣会教堂（从1568年始建），立面由贾科莫·德拉波尔塔设计。

罗马朱莉娅别墅庭院中遮挡骄阳的敞廊。

明的过门敞廊相联结。隐蔽的楼梯带领你到较低的一层，将下面的水神庙（Watery Nymphaneum）幽暗自然地隐藏起来。意想不到的布置——直线或曲线的墙体，隐藏的空间突然展示出来——都产生了空间联结上激动人心的效果。

维尼奥拉为耶稣会兴建的耶稣会教堂（Gesù, 1568），标志着天主教的重兴，这个设计无论平面或高度都是复制旧有的形式，是文艺复兴建筑平面（东端靠近中心，交叉点上设穹顶）与拉丁十字形平面的结合，加上一个扩展的中殿。从中殿直通侧过廊处是几个小礼拜堂。立面设计成巴西利卡式，上有旋形饰，很容易让人联想起阿尔伯蒂的新圣马利亚教堂（Santa Maria Novella）。

瓦萨里（Giorgio Vasari, 1511~1574）是画家和米开朗基罗的仰慕者，与维尼奥拉和阿曼纳蒂（Ammanati）共同参与了朱莉娅别墅的建造工作。他设计的佛罗伦萨的乌菲齐官邸（Uffizi, 1560），主要参考了米开朗基罗的劳仑齐阿纳图书馆并最终由布翁塔伦蒂（Buontalenti）完成。

墙上的名字

德拉波尔塔（Giacomo della Porta, 1533~1602）以弗拉斯卡蒂（Frascati）的阿尔多布兰迪尼别墅（Villa Aldobrandini, 1598~1603）最为闻名。他曾接替维尼奥拉完成耶稣会堂的工作，并设计了立面（1571~1584）。他还接替米开朗基罗在圣彼得大教堂完成了穹顶（1588~1590）和花园立面。马代尔诺（Carlo Maderno）于1603年受聘至圣彼得大教堂，被主使加建主殿和新的立面；重要作品是圣苏珊娜教堂（Santa Susanna）和圣安德列亚·德拉瓦利教堂（San Andrea della Vallee）。

1508年
米开朗基罗开始了他的不朽巨作：绘制西斯廷礼拜堂的天花板。

1511年
维特鲁威的古代的学术著作《论建筑》，曾献给奥古斯都（Augustus）并于1414年发行，现以拉丁文出版，后来还被印成意大利文、法文及西班牙文。

1518年
西班牙商人将纸烟从新世界传入欧洲。

1540年~1580年
好！帕拉第奥
意大利文艺复兴全盛时期

唯一用建筑师命名的惯用语"帕拉第奥主义"（Palladianism），就是以帕拉第奥（Andrea Palladio, 1508~1580）为名，他因而成为最有名的建筑师。他的作品体现出合乎逻辑的处理手法，安宁的感受与实用的功能。"实用"、"耐久"、"美观"是帕拉第奥最为推崇的三项基本要素。这些要素源自古代文明的布局规则，以及强调对称和谐之自然法则。

帕拉第奥设计了大量的建筑作品，同时也写作了大量的书籍，其中包括《建筑四书》（I quattro libri dell'Architettura, 1570），是几个世纪以来新古典主义的经典著作。他的第一件建筑作品是重建维琴察（Vicenza）的市政厅，于1549年中标承担了任务。他采用两层敞廊围绕老建筑，并装上了瑟利安窗（后称帕拉第奥窗），构思据称是复制自罗马的戴克利提乌姆（Diocletian）浴场。蒂内府邸（Palazzo Thiene, 1542）将壁柱置于建筑角部的开间，整个建筑非常乡村化。基耶里卡蒂府邸（Palazzo Chiercati, 1550）与瓦尔马拉纳府邸（Palazzo Valmarana, 1565）都采用了巨大的科林斯复合壁柱和拉毛装饰。

帕拉第奥

真棒！没有架子，不副业。就是一个建筑师，简单而纯粹。他米开朗基罗、拉斐尔贝尔尼尼等人身上学很多；还将他对考古浓厚兴趣运用于建筑计。他在意大利的创是一种传奇，且影响布各地，特别是在英国，帕拉第奥主义是命性的，并确实改变那里的景观。如果琼斯（Inigo Jones, 1573~1652）不是那样疯狂地崇拜帕拉第奥，如果伯灵顿勋爵（Lord Burlington, 1694~1753）没有效仿这种风格，那英国别墅建筑的传统可能根本就不会存在。细心想一想。

威尼斯的圣乔治·马焦雷教堂倒在湖面上。帕拉第奥设计的教堂，立面最终由斯卡莫奇1602年~1610年完成。

十字交叉上的穹顶

中殿前有巨柱式和山花

1530年
威尼斯人斯皮内蒂
（Giovanni Spinetti）
发明了键琴，并出现
在意大利优雅的新式
别墅里。

约1550年
帕多瓦大学（Padua
University）的法洛皮奥
（Gabriele Fallopio）发明了
输卵管，并发明避孕套作为防
止疾病传播的工具。

1565年
瑞士人格斯纳（Conrad
Gesner）首次描述了铅
笔。铅笔画开始广泛
流传。

别墅

帕拉第奥设计的府邸显示出强烈的风格主义倾向，体现了多样化的设计理念，他的别墅设计一贯注重功能与灵活性，以四方形平面为中心，有长方形的客厅（salone），庙宇般的前门廊。其他空间如马房、谷屋和米仓则是主旋律下的变奏，整个建筑布局匀称。较著名的例子包括：波亚纳·马焦雷·波亚纳别墅（Villa Poiana, Poiana Maggiore, 1549）、巴戈罗·皮萨尼别墅（Villa Pisani, Bagnolo, 1544）、菲勒·迪·阿古利亚罗·萨拉切诺别墅（Saraceno, Firale di Agugliaro, 1545）。维琴察附近的圆厅别墅（Villa Rotonda）则是个颇不寻常的变体，有圆穹顶客厅，建筑的四个立面都置有对称的柱廊，可以凭眺周围的乡村风光。

帕拉第奥的教堂建筑同样是完美的设计。威尼斯的圣乔治·马焦雷大教堂（San Giorgio Maggiore, 1565）是一座采用拉丁十字平面的寺院，侧面设有走廊，并有独特的唱诗台。简洁朴素的内部空间，由中殿高处的帕拉第奥窗采光。稍后修建的位于威尼斯的救世主教堂（Redentore, 1577）平面布局更为简洁，由一个主殿和侧礼拜堂构成，唱诗台隐藏于屏风之后；立面有大小柱式，强调了整个建筑的穹顶、角楼和扶垛的复杂三维构成。

墙上的名字

对传记有兴趣的读者，可能会知道帕拉第奥的真实姓氏是贡多拉（Gondola）。尽管在他的著作中，对罗马古建筑有非常详尽的阐述，但帕拉第奥有时会在细节上将风格主义与古建筑搞混，或者误将古代庙宇前的柱廊置于其自己的作品中。面对经典著作的潮起潮落，无疑会唤起人们对"传统拘束创造力"的恐惧。然而，布里格斯（Martin Briggs）认为如果他在荒无人烟的岛屿上让他选择，他会选择瓦萨里（Vasari）的生动，而不是帕拉第奥的规范。

维琴察的圆厅别墅（1552），四个立面上都设有柱廊。

1517年
拉斐尔（Raphael）所绘教皇利奥十世（Pope Leo X）肖像戴着眼镜；威尼斯和纽伦堡（Nuremberg）的玻璃制造商让更多的读书人戴上了眼镜。

1528年
尽管文艺复兴风格已经出现在德国，哥特式艺术仍很有市场。格吕内瓦尔德（Grünewald）仍完成了他在科尔马（Colmar）的埃森海姆（Isenheim）祭坛画。

1550年
六弦琴、八孔直笛和古琵琶是宫廷和贵族家庭中最基本的乐器。

1500年~1600年
府邸和宫廷
法国的文艺复兴

塞纳－马恩省（Seine-et-Marne）的枫丹白露宫（1528～1540）是为弗兰西斯一世兴建，湖中倒影更增强效果。

由于弗兰西斯一世（François I）最初将他的宫廷选在卢瓦尔（Loire）河谷，16世纪时在那里兴建了大量府邸建筑，确立了意大利文艺复兴在法国的独特模式。贝里府邸（Château du Bury, 1511～1524, 已破坏）是这种风格的原型。建筑平面通常为四方形，角部为四个圆形尖塔。整个建筑通常只有一间房的进深，主要的房间都位于庭院和花园之间，而仆人用空间则毗邻马厩或附属的庭院。立面多装饰华丽，堆满了浮雕和塑像，而不是纪念性建筑。

尚 博尔府邸（Château de Chambord, 1519～1547）是最辉煌灿烂的一座，它更像一座仙境中的城堡。建筑是方形的，四角各有一个圆亭，坐落在带四个塔楼的长方形城郭中，城郭外侧有护城河，倒似简朴的中世纪风格。建筑内部是完全对称的，有两个轴；在方形拱顶下各有大厅，大厅形成十字平面，十字的交点上设有两部带扶手栏杆的螺旋楼梯，相互盘旋，互不干扰。每层的四周布置着同样的单元，包括客厅、卧室和盥洗室。精致的灯笼照亮楼梯，众多的屋顶窗和烟囱高耸屋顶上，檐下带栏杆的阳台可通上屋顶。

墙上的名字

法国于1494年入侵意大利，使法国宫廷领略了文艺复兴建筑的风采，这不是简单的学术交流所能实现的方式。当时，居住在昂布瓦斯（Amboise）和图尔（Tours）的意大利艺术家，以及像勒布雷东（Gilles Le Breton）的典型的中世纪"石匠大师"还在继续工作，且不断创造出手工业的新王朝。法国能产生像卢瓦尔河谷府邸群那样的杰作，一方面是贵族们的相互攀比，也由于国王弗兰西斯一世的建筑热情。

1550年
煤开始替代木材成为工业能源。在列日市（Liege）和纽卡斯尔（Newcastle）开辟了矿区。战争武器成为主要工业产品。

1600年
莎士比亚已经完成了20部戏剧作品，包括《皆大欢喜》（As You Like It）和《仲夏夜之梦》（A Midsummer Night's Dream）。

约1610年
小提琴出现。法国国王路易十三（Louis XIII）拥有一支被称作"国王的二十四把小提琴"（Vingt-quatre Violins du Roi）的乐队。巴洛克音乐开始风靡。

城市规划

古代世界的城市规划最初是以矩形栅格坐标控制街道开始的。法国国王亨利四世（Henri IV, 1553～1610）对城市规划的兴趣超过了兴建府邸建筑。受教皇西克斯图斯五世（Sixtus V）为罗马城进行的规划的启发，他引入包含公共广场和街角建筑的放射型布局。沃士什广场（Place des Vosges, 原名皇家广场Place Royale）带有一条柱廊街，是第一个这样的环绕着各式房屋的公共广场。几个世纪以后，奥斯曼（Baron Haussman, 1809～1891）重组巴黎街道，还是基于同一的设计理念。环形的林荫大街与放射状的林荫大道，在控制城市居民的同时也创造出不朽的景观。

布卢瓦宫与舍农索府邸

弗兰西斯一世在原有的中世纪城堡上添加了一个侧翼，建成了布卢瓦宫（Château de Blois, 1515～1524），它是出现较早的文艺复兴建筑。侧翼具有浓郁的意大利特色，敞廊类似布拉曼特在梵蒂冈宫中的先例。

舍农索府邸（Château de Chenonceau, 1515～1523）的房屋是四方形，有四个尖塔和坡度很陡的屋顶。横卧在谢尔河（Cher）上的浪漫的拱桥（1556～1559），是德洛姆（Philibert de L'Orme, 1510～1570）后来为国王亨利二世的情妇迪亚娜（Diane de Poitiers）特意兴建的。

安德尔–卢瓦尔省（Indre-et-Loire）的李杜府邸（château at Azay-le-Rideau, 1519～1527），为一个富有的资产阶级家族建于安德尔河畔。

卢浮宫与枫丹白露宫

国王弗兰西斯一世还开始重建巴黎的卢浮宫（Louvre），且持续了几个世纪。建筑师莱斯科（Pierre Lescot, 1500～1578）的卢浮宫方形庭院（Cour Carré, 1546～1551）为法国古典主义的传播作出了巨大的贡献。同时，德卢姆试图将卢浮宫与杜伊勒里宫（Palais des Tuileries）相连接。另一位杰出的建筑师迪塞尔索（Jean Du Cerceau, 约1590～约1649），他宏伟的府邸建筑枫丹白露宫（Palais de Fontaine-bleau）中设计了夸张的马蹄形楼梯。

德卢姆的论著影响深远，包括《实用经济的新发明》（Nouvelles Inventions, 1561）和《菲利贝尔·德卢姆建筑初集》（Architecture, 1567）——详尽地解释了房屋的建造过程。迪塞尔索的《法国优秀建筑》也具有同样的重要性。

圆锥形屋顶

角塔

1529年
沃尔西枢机主教（Cardinal Wolsey）被赶下台，国王亨利八世占据了他的汉普顿庭宫。沃尔西除了架空国王还应该懂得更多的道理。

1530年
英国脱离罗马教廷，进行宗教改革。许多寺院瓦解，贫苦百姓无依，富人却用得起石头建造房屋。

1530年
马铃薯从南美传入欧洲。

1520年～1630年
荣耀赞美
都铎王朝与伊丽莎白时代的英格兰

都铎王朝（Tudor）时期的英格兰建筑，不像意大利和法国文艺复兴建筑那样奢华和刻板，仍然延续着中世纪的精神：布局不很规范，工艺是哥特式的。但是，当贵族和富有的商人渴望在乡村建造住宅时，建筑师留心回应。深受文艺复兴影响的伊丽莎白式大型府邸开始出现。

木材短缺

当时的城镇建筑通常是木结构的房屋，带防潮结构（第一层高出地坪）。柴郡（Cheshire）的小莫莱顿宅邸（Little Moreton Hall, 1559）与什罗郡（Shropshire）的皮奇福德宅邸（Pitchford, 1560），是保存得最好的伊丽莎白时期"黑白"风格的建筑。至16世纪末，木材短缺和随后的价格上涨，导致替代木材的新设计方案的发展。较少使用木材的更为经济的箱形结构被使用；过去被弃用的那些次劣木材经过灰浆粉刷遮盖缺陷后，也被大量使用。

都铎时期最壮丽的建筑是沃尔西枢机主教（Cardinal Wolsey）兴建的汉普顿庭宫（Hampton Court Palace, 1520）。它用砖砌成，有精致的烟囱、石框窗、雉堞墙和八角形塔楼，形成了独特的英国风格——这些元素在整个16世纪都普遍地被使用。大厅还使用了椽尾梁屋顶和凸肚窗。后来亨利八世将汉普顿庭宫据为己有，因为比他的木结构萨里南萨奇宫（Surrey, Nonsuch）更大更漂亮。

伊丽莎白王朝时代

伊丽莎白女王在治时期，讲究几何和对称的文艺复兴风格的平面设计得到了很大的发展。立面设计也作了改进，由于使用了荷兰式的山墙和带饰，故明显地有别于意大利和法国的式样；同时因使用带石框和过梁的大窗，延续了垂直哥特式的趣味。建筑的主要空间是一个两层高的大厅，通常还包括主楼梯。位于第一层的走廊连接

1550年~1587年
伊丽莎白一世的主要顾问塞西尔（William Cecil）在剑桥郡（Cambridgeshire）的伯利宅邸（Burghley House）建成。伊丽莎白一世却从未兴建自己的皇宫，总是住在别人家。

1560年代
中产阶级产生，英国掀起建房热潮。"E"形建筑非常流行。

约1584年~1589年
罗利爵士（Sir Walter Raleigh）在北美开辟殖民地，以伊丽莎白一世女王别名Virgin Queen命名为"弗吉尼亚"（Virginia）。

着数个房间，并经拓宽和加工成为陈设艺术品的长画廊。

由斯迈森（Robert Smythson, 1535~1614）设计的威尔特郡的朗利特府邸（Longleat），是这种风格的最早范例。整个平面布局围绕着两个内庭院；立面设计也是恪守对称的准则，墙楣形成连续的线条，壁柱镶嵌在凸窗之间。诺丁汉的沃拉顿宅邸（Wollaton Hall, 1580）也是斯迈森设计的，它像是一座城堡，四周有角楼，主建筑本身采用完全对称的布局，在每个角部设一座方塔。外立面设计成有带饰的荷兰山墙，在建筑每层的墙楣之间用不同方式搭配的扁平壁柱镶嵌在墙面上。

剑桥郡的伯利宅邸（Burghley House,

柴郡的小莫莱顿厅（1550~1559）是一座典型的都铎王朝大臣的府邸建筑，附带长画廊。木结构也被赋予装饰效果（或称早期文艺复兴建筑）。

1552~1587）是都铎风格的原型：建筑的角部设塔和方角楼。而德比郡哈德威克宅邸（Hardwick Hall, 1590）的立面绝大部分被窗户所占据，以至于有人说，"哈德威克宅邸看上去窗户比墙多"。

这种风格在詹姆斯一世（1603~1625）王朝得以延续。艾塞克斯的奥德利府邸（Audley End, 1603）有非常简单对称的立面，却设置了颇为精巧的角楼。赫特福德郡的哈特菲尔德宅邸（Hatfield House, 1607）将南立面地面层设计成拱廊，拱廊之上则是艺术陈列室。

修道院捣毁与新教的其他恶行

由于教皇不同意亨利八世（Henry VIII）与阿拉贡（Aragon）的凯瑟琳（Catherine）离婚，这段不幸的婚姻的致命结果就是，亨利八世宣布对宗教进行厉行俭朴的路德教改革。自然所有与罗马教廷有关的组织都被赶出了英国。建筑学史上称"修道院捣毁时期"。捣毁行动是有组织地破坏艺术品的粗暴行为，却受命于一位以自己的学识而骄傲的国王。是亨利八世道德上有缺陷，还是修道院过于腐败？就当时的情况而言，可能都有。但建筑确实遭到了惨重的破坏。

墙楣与连接的凸窗形成线条

斯迈森于16世纪70年代为锡恩爵士（Sir John Thynne）设计的朗利特府邸。建筑有精致的长画廊、堂皇的楼梯和有阶梯有露台的入口。

1601年
琼斯（Inigo Jones）首次赴意大利度假，并且满载建筑理念而归。

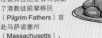

1605年
在"火药阴谋"（Gunpowder Plot）年代，琼斯设计了他的第一个舞台。他将巴洛克艺术带进英国的剧场，前景设有拱门，布景可以移动。

1620年
伦敦弗吉尼亚公司赞助了清教徒前辈移民（Pilgrim Fathers）首赴马萨诸塞州（Massachusetts），还推广了感恩节的火鸡大餐。

1573年～1652年
威尔士鬼才
琼斯

女王宫平面布局图。

意大利文艺复兴严肃的古典主义于17世纪初由琼斯（Inigo Jones, 1573～1652）传入英国。在当时盛行的华丽者铎风格背景下，他的建筑确实是一个鲜明的对比。琼斯游历意大利，遇到了完成帕拉第奥大部分工作的斯卡莫齐（Scamozzi），并成为他狂热的崇拜者。从1615年到1642年间，琼斯是国王工程的测量师，参与了多项著名建筑的工作，他的作品最终成为18世纪帕拉第奥主义复兴（Palladian revival）的典范，深具影响力。

> **风格点评**
>
> 帕拉第奥复兴实际存在于对称与和谐的规律之中。因此可以发现：
> • 以四方形为中心的规则的几何图形布局；
> • 背面使用像寺庙般的柱廊；
> • 三层建筑；
> • 三层瑟利安窗（又称帕拉第奥窗）。
> 一切都以比例、简洁与厚重为依归。

琼斯的代表作白厅宫（Whitehall, 1619～1622）的宴会厅（Banqueting House），明显带有帕拉第奥的气质。宴会厅的平面是长方形布局，空间被划分为附带画廊的两部分。立面被分为三段，中间部分有凸出的半柱和阳台，两侧是较平的壁柱和窗格。建筑基部具有乡村风格，第一层窗的窗口交叉采用三角形和弧形山花，上层窗则全部是直线形檐口。用琼斯自己的话形容最贴切不过："根据阳刚之气和不矫揉造作的规则确定的一致比例。"

立方体与四方形
格林尼治（Greenwich）的女王宫（Queen's House, 1616～1618），是对帕拉第奥式别墅的再阐释，第一层还建有敞廊及曲线形对称楼梯通至阳台。"对称"与"比例"再次成为至关重要

白厅宫宴会厅是唯一一座由琼斯设计并最后完成的新宫殿。

1632年
画家凡戴克（Van Dyck）受聘至英国国王查理一世的宫廷画家，不久弟子莱利（Peter Lely）与他会合。

1649年
国王查理一世被处死，英国宣布成立共和国，一切归功于克伦威尔（Oliver Cromwell）。

1652年
公谊会（即基督教贵格会教徒 Quakers）在英国成立。

琼斯的学生

普拉特（Roger Pratt, 1620～1685）很有天分，创立了简洁的古典主义住宅建筑。伯克郡的科尔希尔住宅（Coleshill House，约建于1650年，毁于1952年）是最成功的作品：一栋帕拉第奥式双四方形平面的三层建筑。

的因素：大厅的内部是一个完美的立方体空间。

琼斯也是伦敦第一个广场建筑科文特花园（Covent Garden）的设计者：有柱廊的街道，上层饰以夸张的巨大壁柱。唯一幸存的建筑，是严格忠于维特鲁威风格的圣保罗（St. Paul）教堂：巨大的托斯卡纳柱廊和简单的长方形平面，适合新教徒作礼拜活动以及客户的经济条件，琼斯形容教堂为"英国最漂亮的谷仓"。

墙上的名字

琼斯的父亲老琼斯（Inigo Jones Senior）是一位制衣匠，不太会说话，在1589年时被罚至破产。小琼斯（Jones Junior）原以创作皇室假面剧剧本而出名，他40岁第二次去意大利时，仍一直在搞人物形象设计而非建筑细节。由于起步时岁数已经很大，所以他的许多建筑不能称为他的作品。荣誉更多地归于他的助手韦伯（John Webb）和斯通（Nicholas Stone）。

格林尼治的女王宫，外观明快，比例优雅。原为安妮女王建造，但整座建筑是为查理一世的妻子玛丽娅（Henrietta Maria）完成的。

地下层窗户于1770年被封

立面被分为三段

带爱奥尼柱的开放式敞廊

1595年
卡拉奇（Carracci）创建了他的绘画学院，激励了整代艺术家用巴洛克方式进行创作，在古典主义中融入了艺术家的情感与个性。

1637年
哲学家笛卡尔（René Descartes, 1596～1650）出版《方法论》（Discourses on Method），提出著名的"我思故我在"。

1646年
英国内战结束，议会和清教徒一同获胜。

1620年～1830年
令人惊叹的巴洛克艺术家
巴洛克在意大利

"不规则的造型，奢华的装饰"是常用的形容字句，但从纯视觉观点上，这毫不足以形容一种你亲眼看到才敢相信的精美建筑。教皇们在罗马兴建的巴洛克风格教堂越来越辉煌灿烂，无非是让人们对他们顶礼膜拜。这些教堂与宗教改革运动的严肃庙宇没有一丝相似之处：奢华、富丽、具有戏剧效果和激动人心。

博罗米尼的罗马圣卡罗教堂的椭圆形穹顶。

巴洛克教堂的设计充满动感、引人兴奋的形体，空间处处体现曲线美。教堂中一看便知的安宁静止的精确的圆形空间和平淡无奇的长方形中殿，被椭圆形的平面，经过各种大小各种形状的壁龛装点的墙体所取代。立面从凸走向凹，又从凹走向凸，壁柱聚在一起加强了深度感、产生强烈的光影变换与波动的效果。柱子的线条更扭曲得像流动的麦糖，已知的柱式被大大改变；传统的三角形山花被突破，用各种可以想象的方法进行了变形。整个空间像是从一个凝固的形体中刻画出来一样。

竞争者

两位建筑师脱颖而出。一位是博罗米尼（Francesco Borromini, 1599～1677），他性格古怪，但却是第一流的手工艺人。另一位是贝尔尼尼（Gianlorenzo Bernini, 1598～1680），他出身富裕，自信而多才多艺，为客户所喜爱。两人均将大部分时间用于建筑和艺术。

博罗米尼从在圣彼得大教堂做石匠开始了自己的职业生涯，最终在那里成为贝尔尼尼的助手。他最杰出的作品包括两座小教堂。其中圣卡罗教堂（chapel of San Carlo alle Quattro Fontane, 1638～1646）的平面布局脱胎于几个连锁的三角形，几个椭圆形的侧厅被巧妙地连接在一起，因此它的穹顶更像是一个富有节奏的流动的

1648年
法国爆发了被称为"投石党运动"（Frondes）的起义。

1660年
英国君主政体复辟，查理二世（Charles II）大开戏剧之门。

1683年
荷兰人列文虎克（Antonvan Leeuwenhoek）通过显微镜观察到微生物。

椭圆。在萨比恩查教堂（San Ivo della Sapienza, 1642～1660），远看它的穹顶给你的第一印象，仿佛是一座盘旋的亚述古塔（ziggurat）。

贝尔尼尼的早期作品之一，是圣彼得大教堂穹顶下方交叉处的屋盖（1623～1633）。通过许多变形柱、奢华的装饰与丰富的材料，表现出建筑的气派。贝尔尼尼最有力的雕塑似的作品是维多利亚镇圣马利亚教堂（Santa Maria della Vittoria）的科罗纳罗礼拜堂（Coronaro Chapel），他运用光和透视错觉，多彩的大理石以及戏剧化的布景，突出了对圣德勒撒（St. Theresa）狂热的爱的主题。在贝尔尼尼等人设计的纳沃那广场（Piazza Navona）的"四河"喷泉（Fountain of the Rivers, 1648）中，博罗米尼设计的一个人物正遮住自己的脸，据称是不想看到对面教堂的立面。

墙上的名字

丰塔那（Domenico Fontana, 1543～1601）的职业生涯说明了教皇眷顾的重要性，一些反传统的方法确实可以取悦他们。丰塔那曾雇为蒙塔尔托枢机主教（Cardinal Montalto）兴建一座教堂，但发现主资资金不足，于是丰塔那就动用了一千名他自己的工人完成了工作。很快，蒙塔尔托主教加冕成为教皇西克斯图斯五世（Pope Sixtus V），丰塔那也由此而飞黄腾达。然而，西克斯图斯五世由于洗劫罗马的建筑遗产，命丰塔那将古罗马斗兽场变成了羊毛加工厂，而成为历史罪人。

风格点评

· 平面布局经常使用复杂的几何形状，包括椭圆；
立面是波动的，凹凸反复；
通过将遮盖的光线、丰富的装饰运用于绘画和建筑造型，产生戏剧化的幻觉以及透视错觉；
· 无顶的或突破的山花，扭曲的柱。

有活力的雕像

圣彼得的墓室

麦糖般扭曲的柱

米开朗基罗设计的圣彼得大教堂穹顶下方的屋盖是贝尔尼尼的早期作品。

1605年
巴黎的皇家广场
（Place Royale，现名
沃士什广场，Place
des Vosges）竣工，
但当时交通问题已越
来越严重。

1607年
蒙特威尔第
（Monteverdi，
1567～1643）写作
了第一部真正的歌
剧《奥菲欧》（La
Favola d'Orfeo）。

1610年
伽利略（Galileo）用
自己改进的新型望远
镜发现了木星的卫星
和金星的位置。

1600年～1700年
巴洛克在法国
芒萨尔与勒伏

传入法国的巴洛克风格拥有它在意大
利时一样的装饰性要素，只是加入了
较为法国式的独特手法，奢华的戏剧
化效果都被一定程度的古典主义规则
所抑制。

这一时期两位建筑师表现出众：芒萨
尔（François Mansart，1598～
1666）和勒伏（Louis Le Vau，1612～
1670）。他们同为路易十四工作过，是法
国巴洛克风格最重要的代表人物。

芒萨尔为拉菲特别墅（Maisons Lafitte，
1642～1648）设计了椭圆形房间，并且
用了自己名字命名"芒萨尔顶"。巴黎的
格拉斯教堂（church of Val-de-Grace，
1645）具有早期文艺复兴风格的立面和刚
刚出现在法国建筑上的穹顶。

勒伏是运用巴洛克风格的天才，他将建
筑与雕塑、绘画和装饰巧妙地结合在一
起，创作出许多最华丽的作品。他的代表
作是维贡府邸（Vaux-le-Vicomte，1657～
1661），法国最辉煌的府邸建筑之一：中
心大客厅采用椭圆形布局，十分华丽；室
内装饰是勒布伦（Lebrun，1619～1690）
的杰作；而园林则是出自勒诺特雷（André
Le Nôtre，1613～1700）的手笔。

勒伏为富凯设计的孚勒维贡府邸。

墙上的名字

俄罗斯沙皇皇后伊丽莎白（*Elizabeth
Petrovna*），被证明是一位开明的建筑客
户。法国宫廷的贵妇都为建筑而疯狂：卡
特琳（*Catherine de Medici*）王后与迪亚
娜（*Diane de Poitiers*，亨利二世的情妇）
在这方面争夺至高权威，就像在其他方面
一样。迪亚娜似乎更加成功，卡特琳则为
"热衷建筑，但品位很差"而苦恼。朗布
耶侯爵夫人（*Marquise de Rambouillet*）
则给王后提出了较明智的建议，"盥洗
室、浴室以及其他类似的房间应该靠近卧
室，而不是在花园的另一端"。

17世纪
音乐不但供人欣赏，且为舞蹈伴奏，房屋需要足够的空间容纳40位乐手以及舞蹈者。

1678年
班扬（John Bunyan）出版了小说《天路历程》（Pilgrim's Progress）。该书实际是一本人生旅途的寓言。

1683年
土耳其人包围了维也纳（Vienna），但最终被击退。他们留下了大量咖啡豆，维也纳出现了咖啡馆。

阿杜安－芒萨尔（Jules Hardouin-Mansart, 1646~1708）是芒萨尔的侄子，1675年受聘为皇家建筑师，继续勒伏17世纪70年代在凡尔赛宫的工作，包括设计了绚丽的镜廊（Galerie des Glaces）。由勒诺特雷设计的著名的凡尔赛宫花园，就像是宫殿内部空间向外的纵向拓展。这种有焦点和轴线的放射型景观和壮观的效果，是当时城市建筑的典型特征。阿杜安－芒萨尔还创作了巴黎的旺道姆广场（Vendôme）和维多利亚广场（Victoires）。英瓦利兹礼拜堂（Chapel of Les Invalides, 1680~1691）有一个椭圆形圣坛和戏剧化的穹顶，极富巴洛克魔术效果：透过镂空的内层穹顶可以看到外层穹顶上的壁画，而且这些壁画可以由隐蔽的窗户中透入自然的光线。

▌波特

波特（Antoine Le utre, 1621~1681）法国17世纪另一位杰出富有创造力的建筑他的巴黎博韦大酒（Hotel de Beauvais, 52~1655）位于建的夹缝之中，巧妙地一整套复杂多变的造技巧运用于城市现并取得了很好的效他还以著作《建筑品选》（Desseins plusieurs palais, 52）而闻名。这本书记载巨大奢华的巴洛别墅建筑为特色。勒特的侄儿皮埃尔Pierre, 约1643~16）对洛可可风格装的发展具有重要的影他是阿杜安－芒萨领导下的凡尔赛宫的要装饰者，并且设计里面的小教堂。

俄罗斯

俄罗斯建筑的西方化主要在莫斯科和纳雷什金（Naryskin）。17世纪80至90年代的巴洛克，仍以中世纪建筑为基调，仅吸收了一点古典主义的对称布局和古典主义的柱式。在彼得大帝王朝时期（1682~1725），修建了圣彼得堡（St. Petersburg, 1703），西方的影响逐渐增强。伊丽莎白皇后的建筑师拉斯特列利（Bartolomeo Rastrelli, 1700~1771）很受凡尔赛宫的启发，但仍保留了俄罗斯的彩色装饰形式。

对称的立面

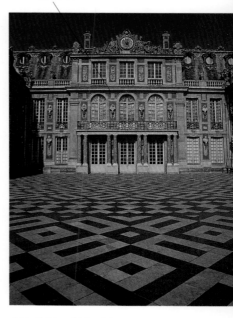

为国王路易十四重建的凡尔赛宫，是法国最著名的巴洛克建筑。凡尔赛风格是由勒伏创造的，然后来阿杜安－芒萨尔遮盖了其中很大的部分。

1717年
在法国，画家华托（Watteau）创作了称为《加兰特庆典》（fête galante）的风俗画。明快、高雅、愉悦是此时期的主旋律。

1730年代
在英国，每七个成年人死亡，就有一个是因饮用杜松子酒（荷兰人的习惯）造成的，直到1751年政府课以重税，情况才有所好转。

1735年
德拉孔达米纳（Charles Marie de la Condamine）在南美洲测量地球曲率时发现了橡胶。

1650年~1790年
艳而不俗
洛可可

洛可可（Rococo）通常用来形容巴洛克风格最后阶段的建筑，主要在奥地利与德国南部，那里的新教徒慢慢地接受了这种华丽的风格。洛可可是这样的一类装饰：轻松、浅色调、不对称，通常具有乡村景致、自然的曲线和像壳一样的形状。洛可可一词源于法

维也纳的卡尔教堂，使用了不同的罗马风格形式。

国的贝壳工艺（rocaille），用在洞穴和喷泉上的像岩石一样的壳状装饰。洛可可中蕴含的空间复杂，常被认为受意大利人瓜里尼（Guarino Guarini, 1624~1683）的影响。瓜里尼作品的特色在于具有凹凸形状的波动曲线，是博罗米尼的几何图形、贝尔尼尼的虚幻效果和他自己的丰富的装饰素材的巧妙结合。

东方风格的屋际线

冯埃拉赫（Johann Bernhard Fischer Von Erlach, 1656~1723）是中欧晚期巴洛克的杰出代表。他接受过雕塑训练，并学习过博罗米尼和贝尔尼尼的作品。他对椭圆形的热衷突显于弗拉诺瓦城堡（Castle Vranov, 1690~1694）的设计：建筑的窗和门厅都是椭圆形。萨尔斯堡（Salzburg）的圣三一堂（Holy Trinity, 1694）更是由横向的椭圆形门厅连接着纵向的椭圆形内室。他最优秀的作品是维也纳的卡尔教堂（Karlskirche, 1716），再次采用椭圆形与一个希腊十字相连接；立面

非常奇特，比后面的建筑宽得多，两根独立的罗马图拉真（Trajan）和马可·奥勒利乌斯（Marcus Aurelius）的柱式，高度超过了立面，把庄严的穹顶框住。

1755年
康德（Immanuel Kant, 1724～1804）开始在探讨哲学之余研究天文。他指出存在凝聚成团的星星，称为星系（galaxy）。星系一词是希腊语，意思是"银河系"（Milky Way）。

1770年
库克（Cook）船长在一片植物丛生的海湾抛锚，并把这片海岸称为植物湾（澳大利亚沿岸）。他的科学考察队员班克斯（Joseph Banks）带了一些植物回英国，养在温室里。

1783年
蒙高菲尔（Mongolfier）兄弟首次乘热气球飞行。

冯希尔德布兰特（Johann Lukas Von Hildebrandt, 1688～1745）于1723年接替冯埃拉赫成为宫廷建筑师。他在维也纳的上观景楼（Upper Belvedere, 1721～1722）具有多层东方情调的屋顶，这是中欧很常见的风格。维也纳的金克西宫（Duan Kinksy Palace, 1713～1716）最能代表他的风格：精致的壁柱沿立面达到很高的高度，建筑入口用女像柱支撑着开敞的山花。

德国南部

16世纪以前，德国南部建筑的楼梯一般只具实用功能，且常被藏起来。然而新式楼梯很快就出现了，过渡平台变得多种多样，楼梯井也更加开放。诺伊曼（Johann Balthasar Neumann, 1687～1753）设计的巴洛克式的楼梯，就充分利用了这种空间的可能性，创造出优美的曲线，布鲁赫撒尔主教宫（Bruchsal Episcopal Palace, 1730）就是一个成功的范例。他设计的维尔金海林格教堂（church at Vierzen-heiligen, 1743）在中殿的主轴线上使用了三个相互交叉的椭圆形，侧殿使用了两个圆形，在走廊中又融入了椭圆形要素。通过大窗提供照明和粉刷成白色的波动的墙面，效果非常绚丽。

站在岔路上的建筑……

布拉格的洛可可建筑是非常重要的历史遗产，反映出丁岑霍费尔（Dientzenhoffer）家族的审美观。伊格纳茨（Kilian Ignaz, 1689～1751）是最著名的家族成员，曾接受过希尔德布兰特（Hildebrandt）的训练，是一位多产的教堂建筑师，几何图形（如八角形、椭圆形）和穹顶的热爱渗透在所有的作品里。他的哥哥约翰（Johann, 1663～1726）较为拘束，最著名的作品是施洛斯·波默斯菲尔登教堂（Schloss Pommersfelden, 1711～1718）。

维也纳的观景楼（1693～1724）是一座夏宫，有一片湖水和花园。照片中的建筑是上观景楼，与下方建筑由壮丽的花园分开。观景楼意为"屋顶上方向外眺望的塔楼"。

轻薄如气

洛可可不是一种独立的风格，它反映了巴洛克晚期的特点。非常奇怪，洛可可基本局限在欧洲的日耳曼区域。它在法国的影响比较小，只是在某些建筑的外部有所体现。在英国很少有洛可可内部装饰出现在建筑中，而在花园里，只有那些细心到能区分出中国、印度或哥特风格的观察者才能找到一点影子。

1653年
路易十四
（Louis XIV）5
岁在法国登基。

1658年
费索恩（Faithorne）出版了相当
准确的伦敦地图。八年后，一把
大火几乎将伦敦夷为平地。到
1682年才出版了奥格维兹版的新
地图。

1665年
雷恩（Wren）从巴黎回英
国，带回了很丰富的城市规划
的构想，并绘制了以广场为中
心的放射型路网的草图。

1600年~1750年
建筑师什么时候不是建筑师？
雷恩爵士

雷恩爵士（Sir Christopher Wren, 1632~1723）
是一位古典主义者、数学家、天文学家，他从未
受过建筑方面的训练。但他读过阿尔伯蒂、塞利
奥、帕拉第奥的著作，并且在法国时与芒萨尔和
老贝尔尼尼有过交往。所以，1666年英国大火之
后，他被邀请重建伦敦城。雷恩提出深具远见的
设计，被赋予"城市之父"的美誉。

沃尔布鲁克的圣史蒂芬教堂
（1672~1679）中，对角拱门切割
正方形柱网，形成了八角形平面，
承托着半球形穹顶。

雷恩大胆地将狭窄街道和蜿蜒小巷，
变成了以壮观城市广场为中心的放
射型林荫大道。依照原中世纪街道的基础
改建，伦敦城的重建迅速而富有朝气，包
括了住宅、商业建筑、五十座城市教堂，
以及雷恩举世闻名的标志性建筑——圣保
罗大教堂。

城市教堂以其形制和古典主义的外表而
出众。新教教堂的平面布局十分简洁，而
且必须扩大空间容纳公众进行礼拜和至关
重要的讲经活动。教堂各式各样的高塔和
尖塔，使其在建筑林立的伦敦城中很容易
被识别出来。

位于沃尔布鲁克（Walbrook）的圣史蒂
芬教堂（St. Stephen, 1672~1687）采用

长方形布局，科林斯柱坐落在规则的坐标
上，希腊十字形的楣构支撑着穹顶。雷恩
认为他在皮卡迪利（Piccadilly）设计的圣
詹姆斯教堂（St. James, 1683）是最理想
的教堂建筑：简单的长方形平面配以木制
的拱与穹结合的屋顶；四侧长廊都是建筑
整体的有机组成部分，廊柱采用多立克柱
式基座和科林斯柱式柱头。

圣保罗大教堂
圣保罗大教堂（St. Paul's Cathedral,
1675~1710）标志着教堂建筑彻底摆脱
天主教哥特式教堂以及它们的复杂光影效
果：抛弃了哥特式的彩色玻璃窗后，清新
的空间和干净的表面由透明玻璃窗照明。

墙上的名字

诺思（Roger North, 1653~1734）是一位律师，偶尔也做建筑师。他写道："既然专业的建筑师那样傲慢、好惹麻烦，而且很少动手干些什么，工头虽然假装在设计什么，实际上却全是些愚蠢荒唐的念头，那么，你要么做自己的建筑师，要么就干脆什么也别做。"范布勒（Vanbrugh）开列了一份塔尔曼（William Talman, 1650~1719）的客户名单：德文郡和金斯敦的公爵；诺曼比、科宁斯比和波特摩尔的勋爵等。名单上的人只恨当初没有亲自动手，他们从建筑师那里除了"愤怒与失望"外一无所得。

"年轻人的奇迹"

英国研究雷恩的伊夫林（John Evelyn）说，雷恩年仅21岁时就已经成为当时最杰出的建筑师。雷恩接受的是培养科学家的教育，他的一生经历了科学大发现的时代，同时也是血腥的英国内战年代。作为外科学院的解剖示范者和获得高度评价的几何学家，雷恩领导着这些领域。这时发生了令人震惊的复辟和伦敦大火。圣保罗大教堂是使他青史留名的大好机会，雷恩很好地把握住了机会。

建筑平面最初设想为希腊十字形和加长的西翼，但领导人更喜欢拉丁十字形；穹顶下方不再是祭坛而是布道席。

雷恩的原外部设计也被抛弃，建议中的巨大柱式被两层小柱取代，成了环绕整座建筑的主题，因而也具有实用功能，上层女儿墙隐藏了飞券和坡屋顶。穹顶模仿布拉曼特（Bramante）在罗马的坦庇埃托礼拜堂（Tempietto, 1502），只是规模更大。西立面的两座华丽塔楼最不平常，它并非英国式的，而是更接近北欧的晚期巴洛克风格。

雷恩最伟大的代表作是圣保罗大教堂（1675~1710）。建筑上32个放射状扶壁帮助承担中央穹顶的重量。这座穹顶上有顶塔、圆球和重量惊人的十字架，总高111.5米（366英尺）。

古典穹顶

中殿上的扶壁隐藏在女儿墙后

1669年
佩皮斯（Samuel Pepys）写完了他最后一页日记，记录了他从1660年以来在伦敦的生活，这些戏剧性记录有待后人发掘。（佩皮斯死于1703年）

1679年
豪克斯摩尔（Nicholas Hawksmoor）成为雷恩的私人秘书，随后完成一些测量和设计工作。

1690年
范布勒（Vanbrugh）是军队上校，在法国加来（Calais）被捕入狱两年，罪名是间谍罪。

1700年~1750年
英国巴洛克复兴
豪克斯摩尔、范布勒与吉布斯

17世纪的伟大的英国工程，包括圣保罗大教堂、格林尼治医院以及市内各大小教堂等，都是依靠税收兴建的。18世纪早期则出现了新的资金来源和新客户。因开发殖民地获得巨大利润的商人与富有的地主开始兴建房屋。

豪克斯摩尔的伊斯顿·内其城堡（1697~1702）的比例不比寻常：狭窄的窗和凸出门廊。

剧作家范布勒（John Vanbrugh, 1664~1726）虽然未受过任何建筑方面的训练，却成为领导英国巴洛克风格的别墅建筑师。他的建筑体量巨大、比例粗犷、外表厚重；纯粹的古典主义者并不欣赏他的作品，但却非常强健而有个性。约克郡（Yorkshire）的霍华德城堡（Castle Howard, 1699~1712）酷似法国17世纪凡尔赛宫的平面布局，主建筑两翼张开，前面是一片方形广场。内庭院中有马房和厨房等附属建筑。宏伟的设计还包括一个穹顶和有山花的前立面。诺森伯兰郡（Northumberland）的西顿·德拉瓦尔城堡（Seaton Delaval, 1720~1728）

不像范布勒过去设计的作品，它完全是模仿巨大的中世纪城堡。

范布勒受安妮女王之托，为马博罗公爵兴建辉煌的布雷尼宫（Blenheim Palace, 1705~1724）。布雷尼宫被认为是范布勒的代表作，为体现英雄的气质，由主体和两翼相连接，体型粗犷有力；建筑的天际线却复杂多变，形成鲜明对照。

约克郡的霍华德城堡是范布勒的第一件建筑作品。为了提供宽阔的场地，拆除了原有的整座村庄。

豪克斯摩尔

豪克斯摩尔（Nicholas Hawksmoor, 1661～1736）18岁开始为雷恩工作。他还曾在霍华德城堡和布雷尼宫工程中协助范布勒。与雷恩和范布勒不同，豪克斯摩尔将一生献身建筑，他运用严格分析的手法，擅用详细的绘图和抽象的几何图形。最著名的建筑作品是1711年到1718年间设计的六座城市教堂。这些设计是兴建五十座新城市教堂行动的一部分，他当时受聘为测量师。豪克斯摩尔的建筑精于轴线布局，并且总能通

吉布斯

吉布斯（James Gibbs, 1682～1754）曾当过豪克斯摩尔的测量师。他的河岸街圣母教堂（St Mary le Strand, 1714～1717）明显带有意大利风格主义的影响。圣马丁教堂（St Martin in the Fields, 1721～1726）则在古罗马基础上融入了帕拉奥的要素，标志着风格的转变。他将塔楼和塔隐藏于柱廊与山花后，处理手法虽曾受批评，但仍然成为标志。帕拉第奥在蒂内府（Palazzo Thiene, 1542）的窗子也以吉布命名。

座上的穹顶于入口门厅方

过建筑的体量创造出戏剧化的效果，将巴洛克风格、古典主义、哥特式等多种元素巧妙地结合在一起。

在伍尔诺斯（Woolnoth）的圣玛利教堂（St. Mary, 1716），是一座直线型的粗面石工的塔楼，与主建筑相分离，敦实、朴素，很少表面转折，门窗很小，顶部还托着两个小方塔。斯皮特尔菲尔兹（Spitalfields）的基督教堂（Christchurch, 1723～1739）的门廊运用了帕拉第奥主题，门廊承托着一个瘦塔，塔尖似乎保持着微妙的平衡，使整个建筑看上去不再敦实稳重。

墙上的名字

塔尔曼（William Talman, 1650～1719）与雷恩是同代人。他最重要的作品是德比郡的查兹沃思府邸（Chatsworth House, 1687～1696）。西立面设计得相当特殊：由于窗户是双数，失去视觉上的焦点，使观者不安与躁动。伦敦最精彩的两座巴洛克风格的建筑是阿切尔（Thomas Archer, 1668～1743）的杰作。德普特福德（Deptford）的圣保罗教堂（St. Paul, 1712～1730）有半圆形的多立克柱廊，柱廊顶支撑着一座高塔。史密斯广场（Smith Square）的圣保罗教堂（St. Paul's, 1714～1728）有一个打破常规形状的山花，巨大的帕拉第奥窗和四个塔楼，就像长型鼓座上面放着菠萝。

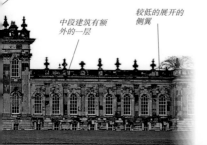

中段建筑有额外的一层

较低的展开的侧翼

1688年
法国开始工业化生产磨光玻璃。芒萨尔用这种新技术为路易十四（Louis XIV）设计凡尔赛宫的镜廊（1678～1684）。

1690年
英国哲学家洛克（John Locke, 1632～1704）著述《人类理解论》（An Essay Concerning Human Understanding），认为人类意识天生是一片空白，根据经验得到的知识是我们的一切。

1706年
米尔（Henry Mill）发明了车辆的减振弹簧，城中往返变得舒适多了。

1715年～1750年
帕拉第奥主义复兴
伯林顿、坎贝尔与肯特

在肯特协助下，伯林顿勋爵设计的切斯维克府邸深具意大利风格。

所谓帕拉第奥主义复兴（Palladian revival），也可以说是琼斯风格的复兴。在英国，这种风格创造了大量的住宅，有些是从帕拉第奥别墅建筑中获得灵感，有些甚至就是风格的模仿。粗面石工的半地下室，带山花的入口与主楼层夸

帕拉第奥式建筑平面布局是典型的几何图形。

张地抬高，通向入口的楼梯则十分壮观。建筑的平面布局一般反复运用对称的几何图形，屋顶的坡度多变，只有穹顶徐缓地打破建筑形体的敦实与凝重感。

伯林顿（Richard Boyle Burlington, 1694～1753）的名字就是帕拉第奥主义复兴的同义语。虽然他本人对建筑并不在行，却是深具影响力的赞助者。他还资助出版了帕拉第奥关于罗马浴室的建筑图纸和肯特的《琼斯设计集》（Designs of Inigo Jones）。他用作收藏绘画和书籍的切斯维克别墅（Chiswick, 1725），也是模仿帕拉第奥的圆厅别墅（Villa Rotonda）兴建的。入口楼梯下面矗立着帕拉第奥与琼斯的雕像。像约克会所（Assembly Rooms, 1731～1732）的舞厅（抄袭自帕拉第奥的埃及厅）等一批伯林顿的作品，都体现出他对古代建筑规则的执着，同时模仿帕拉第奥建筑风格的痕迹也清晰可见。

伯林顿的设计师们

坎贝尔（Colen Campbell, 1676～1729）1715年出版《Vitruvius Britannicus》第一卷之前是一位律师。这本书给伯林顿勋爵留下了十分深刻的印象，他解雇了正在为他兴建伯林顿府邸（Burlington House）的吉布斯（Gibbs），将这份工作交给了坎贝尔。他在肯特的米尔渥斯城堡（Mereworth Castle, 1723）又是帕拉第奥圆厅别墅的另一个翻版。为英国首相沃波尔设计的霍顿宅邸（Houghton Hall, 1723）有一个中心客厅和立方形的大厅，构思自琼斯设计的女王宫。这些建筑要素，不过是帕拉第奥曾在维琴察的蒂内府邸（Palazzo Thiene，始建于1542年，从

1715年
著名的园艺师布朗（Lancelot "Capability" Brown）改进了布雷尼宫（Blenheim）与丘花园（Kew）的景观效果。

1742年
彩印在日本得到很大发展。喜多川歌麿（Kitagawa Utamaro, 1753~1806），是浮世绘艺术学派的最佳诠释者，注重表现生活欢乐的一面。

1749年
菲尔丁（Henry Fielding）完成了代表作《弃儿汤姆·琼斯的故事》（Tom Jones），一位年轻绅士的浪漫经历。

未实际完工）中运用过的那些手法罢了。

肯特（William Kent, 1685~1748）既精通园艺又擅长建筑。1719年他在罗马学习绘画时就得到了伯林顿勋爵的赏识。他最出色的作品是霍尔干府邸（Holkham Hall, 1734），是帕拉第奥主义、古代建筑与夸张的意大利巴洛克式室内设计要素的一次大检阅。平面由中央对称地伸出四个完全相同的翼。肯特的最后一件作品是伦敦的皇家禁卫骑兵营（Horse Guards, 1750~1758），建筑与霍尔干府邸非常

难道是世外桃源？

究竟是艺术变成了园林还是园林变成了艺术呢？当时的英国贵族盛行在欧洲大陆自由自在地旅行。他们带回来的不是"一堆死去的耶稣和圣母像"，而是普桑（Nicolas Poussin, 1594~1665）和洛兰（Claude Lorrain, 1600~1682）的绘画，还见识了精美的园林艺术。有人甚至产生了将园林布置成山水画的灵感：树林，湖水，小巧的教堂。最成功的无疑是"园林之王"布朗（Lancelot 'Capability' Brown, 1716~1783），他因布雷尼宫令人惊叹的花园等作品而闻名。先看看白金汉郡的斯托（Stowe）花园与威尔特郡（Wiltshire）的史图赫德风景花园（Stourhead）。

> ## 墙上的名字
>
> *帕拉第奥主义建筑的特色是在乡村风格的基础上运用古典柱式。在城镇沿街新建筑的屋顶部位还增加了栏杆（尤其在伦敦与巴斯的街道建筑）。芒萨尔（Mansart）在巴黎旺道姆广场（Place Vendome）将整条街道立面统一成仿佛一座建筑的手法，仍然是一个典范。最著名的例子是伍德（John Wood）在巴斯（Bath）设计的圆形广场（Circus, 1754）与王室新月广场（Royal Crescent, 1767~1775）。*

坎贝尔位于伦敦肯特的米尔渥斯城堡，是另一座精心复制的帕拉第奥圆厅别墅。

相似。

肯特由于是英国园艺的创始者，而在历史上具有更重要的地位。他提出了"应该将建筑作为园林的一部分进行设计"的理念，大大改变了以往的传统。

客厅上的穹顶

主楼层位于乡村风格的基础之上

带山花的门柱廊

18世纪
畅游欧洲名城和古代遗迹的"大旅行"（Grand Tour），风靡整个英国和欧洲大陆的绅士阶层。

1717年
韩德尔（Handel）的管弦乐作品《水上音乐》（Water Music）在泰晤士河上首演，乐曲是为英籍德国人乔治一世（George I）而作。

1725年
上个世纪传入的轿椅已成为城中富人的标准交通工具。

1720年~1795年
亚当家族的贡献
乔治王朝

高超的设计技巧与精明的商业头脑使亚当（Adam）一家成为非常成功的地产发展商和室内装饰师。亚当风格在刻板的帕拉第奥复兴（Palladian revival）与朴素的希腊复兴（Greek revival）之间，受意大利与罗马建筑的影响：不那么浮夸，更安宁，更精细，更优雅。它是一款更精致的新古典主义（Neoclassicism）建筑风格。

罗伯特·亚当（Robert Adam, 1728~1792）确信建筑师不但有责任设计建筑的外观，而且有责任设计建筑的内部。结果，他构思的内部空间装饰，复杂性与精美程度无人能及。墙面颜色大胆鲜明，套上白色粉状灰浆线条，不但自身具有装饰效果，而且较其他平坦的墙面更富丽和有深度。天穹也用灰浆线条造出浮雕的效果，而图案则恰当地重复地毯的花纹。壁龛、小橱，或几排独立的柱以及半圆形后厅等装饰，使整幢房屋显得丰姿多彩。

罗伯特与他的兄弟詹姆斯（James）、约翰（John）一道在父亲的爱丁堡事务所中学习建筑设计。一次历时四年的欧洲旅行（1754~1758）使他有机会了解古罗马的建筑。从此他定居伦敦，主要从事室内设计工作，作品包括：肯伍德府邸（Kenwood House, 1767~1769）、西翁府邸（Syon House, 1760~1769）与奥斯特莱公园（Osterly Park, 1761~1780）等。德比郡的凯德莱斯顿府邸（Kedleston Hall, 1760~1761）是亚当与帕拉第奥主义分

完美无瑕的石建筑

英国帕拉第奥主义与新古典主义时期孕育了新城市景观，特别是在建筑上大量使用石材。新乔治王朝时期的巴斯（Bath）以及相邻在布里斯托（Bristol）的克利夫顿（Clifton）一般使用当地可爱的金黄色石材；而在爱丁堡新城则使用优雅的灰色花岗岩；内陆地区使用别到的红色砂岩。这全是真正的新古典主义趣味，就地取材减低了成本，亦能满足建筑师所要求的优雅气质。这些气质成为了地方的标志和身份象征。那么砖呢？

1752年
美国发明家富兰克林（Benjamin Franklin）发明了避雷针。

1781年
天文学家赫歇尔（William Herschel, 1738~1822）发现了天王星（Uranus），并以古希腊天神（ouranos）命名。天王星的存在并未为古代文明所知。

1792年
法国宣布成立共和国。路易十五（Louis XV）于1793年被处死，许多贵族被送上断头台。

道扬镳的典型例子。由建筑师佩因（James Paine, 1717~1789）开始设计的平面，是帕拉第奥式的（其他被拒绝的方案更不消提），并且与诺福克（Norfolk）的霍尔干府邸（Holkham Hall, 1734）非常相似；建筑主入口立面是惯常的带山花的门廊；其他要素则显出独特的罗马建筑特征：客厅上方是罗马万神庙式的穹顶，向南立面则是君士坦丁风格的拱门。

伦敦肯伍德府邸的图书馆（1767~1769），是典型的罗伯特·亚当室内设计。

住宅项目

亚当设计了许多连排住宅，包括爱丁堡的夏洛特广场（Charlotte Square, 1791~1807）与伦敦的菲茨罗伊广场（Fitzroy Square）。两项设计都是独立房屋，但整个立面像一幢中间带山花的豪华住宅。亚当最早的连排住宅是阿德尔菲（Adelphi, 1768~1772，毁于1937年），住宅之外还包括马厩、办公室与仓库。阿德尔菲建于泰晤士河岸，倾斜的坡地用作从河岸至

建筑第一层的通道，河边是拱门和柱廊组成的码头。立面采用粉刷装饰花纹和巨大的壁柱柱式。这个项目使亚当陷入财政灾难，失业多年。

新颖的风格

如果你想指出哪位英国建筑师是真正的欧洲级大师，那一定是亚当。亚当的许多成就中，包含了室内装潢这种现代人称作"有市场需求"的意念，当时确实有一批积极探索古典主义新形式的人。亚当的室内设计非常精致：墙壁充满柔和的色彩，有伊特鲁里亚（Etruscan）式花纹；地板是华丽的大理石；壁炉以亚当命名，由小型柱子"支撑"。屋外是可爱的风景如画的花园。视觉上的愉悦无人能及。

德比郡的凯德莱斯顿府邸（1757~1770）有帕拉第奥式的北立面。

1811年
纳什（John Nash，据说其新婚妻子曾是摄政王子的情妇）接受了设计摄政公园（Regent's Park）的任务，包括连排住宅、风光旖旎的水面与几栋典雅的别墅。

1812年
埃尔金七世伯爵布鲁斯（Thomas Bruce）从雅典（Athens）将一批大理石雕刻及建筑碎片运回英格兰，后称埃尔金大理石雕（Elgin Marbles）。

1813年
华尔兹舞回旋于欧洲舞会。活跃的军官与淑女们乐此不疲。

多立克柱头、平滑表面的柱

1790年~1840年
阳刚之气
希腊复兴

新古典主义毫无疑问是对早期泛滥的巴洛克风格的一种反抗，甚至对越来越流行的新哥特风格也嗤之以鼻。两种风格都是对过去"朴素生活"的怀念。新哥特停留在中世纪，而新古典主义则直接回归古罗马与古希腊时期。最早出现的古希腊多立克柱式为建筑理念之纯粹性的思索提供了答案，它不但最简练，而且充满阳刚之美。两位杰出的新古典主义先锋是索恩爵士与纳什。

伦敦摄政公园的新月公园（1812~1822）是一座环波特兰广场的半圆形立面，可直通摄政大街。

索恩的教堂
索恩特别执着于形式纯粹性的追求，有两座伦敦教堂为例。圣约翰教堂（St. John）的西立面只设计了山花，却没有柱廊，入口两侧的门墩一直穿过檐口线，成为方塔的底座。沃尔沃斯（Walworth）圣彼得教堂（St. Peter）的爱奥尼式柱廊嵌在立面之内，使整个立面保持连贯。与高耸的尖塔相对，柱的中楣带有经过简化的希腊特色图案贯穿于整个建筑，强调主要空间的水平主题。

索恩爵士（Sir John Soane, 1753~1837）的建筑总是独具创意。与早期复制古代建筑的形式不同，他的作品可以说是抽象的古典主义。他的作品中有些元素不断得到发展：多层次与凹凸变化的墙体展示潜在的空间可能性；建筑表面再没有过分的装饰，即使加上装饰线条也仅具最小的厚度，或就包含在墙面之中。索

1814年
煤气首次应用于公共道路照明，伦敦西敏区（Westminster）夜里街上灯火通明。

1815年
威灵顿公爵（Duke of Wellington）在滑铁卢（Waterloo）战役中击溃拿破仑（Napoleon）指挥的法军。

1820年
丹麦物理学家奥斯特（Hans Oersted）观察到电流可以使指南针的指针偏斜，电流的磁效应被发现。

恩还利用阳光创造戏剧化的效果和空间错觉。索恩与巴洛克建筑师一同认为，建筑给人的感官体验与视觉的和谐性、几何逻辑性都同样重要。按照他的理解，创造戏剧化效果的手段不是形制与装饰，而是空间与采光。

索恩在伦敦林肯宿舍（Lincoln's Inn, 1812）的寓所，是他作品的典范：墙面都有数层深，隐藏于屋顶上的众多采光塔，使日光可以照射至屋内深处；这一切使索恩在一般尺度的建筑平面上展现出了魔术般的空间效果。

荒唐

野郊公园中有许多滑稽的建筑废墟，最能说明什么是荒唐：既昂贵又可笑，就像史图赫德风景花园（Stourhead）的石窟与德文郡科特勒（Cothele）的高塔。但是像贝克福德（William Beckford, 1760～1844）那样对建筑有兴趣的百万富翁，还会将萨尔斯堡大教堂（Salisbury Cathedral）改建成可怕的哥特式修道院（1796～1807）。不出所料，1825年它再次坍塌。

热衷的时尚追随者

索恩不断追求个人特色，相比之下纳什（John Nash, 1752～1835）却是一个时尚的追随者。他设计过各种风格的作品。作为一名别墅建筑设计师，他在德文郡（Devon）的勒斯科姆城堡（Luscombe Castle, 1800～1804）采用了不对称的平面布局；什罗普郡（Shropshire）的克朗克希尔别墅（Cronkhill, 1806）看上去更像优美的意大利土著建筑；而他在布赖顿设计的带洋葱形穹顶与尖塔的阁楼（Brighton Pavilion, 1802～1821）则充满东方情调。就尺度与精美程度而言，纳什最有趣的作品是伦敦街区的规划（1811年开始），包括摄政公园（Regent Park）、波特兰广场（Portland Place）、一直通向卡尔顿排屋街（Carlton House Terrace）的摄政大街（Regent Street），中间还途经兰厄姆广场（Langham Place）的万灵教堂（All Souls Church, 1822～1825）。公园旁边的连排住宅设计得非常谨慎，是所有新古典主义要素的混合物。尤其是波特兰广场一端的新月公园（Park Crescent），它的立面简洁到极点，粉刷平坦朴素，采用双爱奥尼柱式，表现形式大胆。

索恩在林肯宿舍的家（1812），第二层的凸窗原是一个开放的敞廊。

1751年
狄德罗（Denis Diderot, 1713～1784）出版了第一部百科全书（encyclopedia, 希腊语意思是"一般教育"），尝试概括人类的知识。

1773年
发生"波士顿倾茶事件"，美洲殖民地居民将来自东印度的茶叶倾倒在波士顿港内，抗议英国殖民者垄断贸易与税收。

1781年
弗吉尼亚州的约克镇围城战役中，英军康华里将军（General Cornwallis）向华盛顿（George Washington）投降。英国军队在军乐伴奏下列队离去。

1790年～1840年
噢，那些希腊建筑
希腊复兴 2

18世纪晚期，复兴上古希腊建筑之风日盛，而且很快就大胆地建立了在英国的大本营。它强调几何形制并不设装饰，体现出"朴素、强健、阳刚"之美。希腊复兴（Greek Revival）是秀美的哥特复兴风格（Gothic Revival）的另类选择，与当时的新古典主义（Neoclassicism）并称两大流行主题。

杰斐逊（Thomas Jefferson, 1743～1826）是美国第三任总统，不但是著名的经济学家、教育理论家，还是杰出的建筑师。他曾经游历欧洲，参考了帕拉第奥的《建筑四书》（Quattro Libri）与莫里斯（Robert Morris）的《建筑选辑》（Select Architecture）。杰斐逊在美国设计的第一件新古典主义作品是弗吉尼亚州议会大厦（Virginia State Capitol），并成为各州公共建筑的范本。他还参与了首都华盛顿的规划，以及新弗吉尼亚大学的设计：带长轴的大草坪，长边两侧是小型建筑，主建筑安排在另一端，这一布局几乎成为大学校园设计的定式。

拉特罗布（Benjamin Henry Latrobe, 1764～1820）在移民美国并为杰斐逊工作以前，曾在英国为科克雷尔（Cockerell）做过建筑师，为斯米顿（Smeaton）做过工程师。正是他设计的宾州银行（Bank of Pennsylvania, 1799～

墙上的名字

斯图尔特（James 'Athenian' Stuart, 1713～1788）与列维特（Nicholas Revett, 1720～1804）曾旅居希腊四年并于1762年出版了《雅典古迹》（Antiquities of Athens），是英国希腊复兴风格的重要倡导者。斯默克爵士（Sir Robert Smirke, 1780～1876）设计的科文特花园剧院（Covent Garden Theatre, 建于1808年, 已毁）是伦敦城第一座希腊多立克式建筑。他最著名的作品是壮丽的希腊风格的伦敦大英博物馆（British Museum, 1823～1847）。

最伟大的德国建筑师

申克尔（Karl Friedrich Schinkel, 1781～1841）是德国新古典主义时期最伟大的建筑师。他曾求学于著名艺术家吉利（Gilly, 1772～1800），1830年成为普鲁士公共工程部的部长。申克尔的许多公共建筑享有很高声誉，他在柏林兴建了希腊复兴风格的建筑：新卫队营（New Guard House, 1816～1818）与剧院（Schauspielhaus, 1819～1821）。阿尔特斯博物馆（Altes Museum）的多立克式的长柱廊上绘有壁画，内有中央穹顶。他最精致的建筑是柏林的夏洛特堡（Charlottenburg, 1824～1825），它光滑的墙面具有精确的几何图形，过道深深凹陷于建筑内部，一切都显得恰到好处。

1783年
英国在巴黎和约
（Treaty of Paris）上
签字，承认美国独
立，至此美国独立战
争结束。

1787年
美国将美元定为流通币。
1792年铸造了新货币。

1789年
重税下的中产阶级
与极度不满的农民
结成联盟，发动了
法国大革命。三年
后法国宣布成立共
和国。

1801) 与费城自来水厂 (Water Works, Philadelphia, 1800) 确立了希腊复兴风格在美国的地位。他最成功的作品是巴尔的摩大教堂 (Baltimore Cathedral, 1804~1818)，构思很可能受到索恩的影响，浅浅的穹顶、长长的中殿和精美拱门独具特色。

法国

部雷 (Etienne-Louis Boullée, 1728~1799) 与勒杜 (Claude-Nicolas Ledoux, 1736~1806)，透过合乎逻辑的组合，单纯的几何形式表达出建筑师个人的情感，将新古典主义推向顶峰。部雷设计的牛顿纪念馆 (Monument for Isaac Newton, 1784) 草案是鼓座上的巨大圆体形建筑，有150米高，象征着天堂。这个草案充分体现了他对建筑的信念，除了表达逻辑与

合理性之外还有性格与魅力。

部雷的大部分工作尚停留在图纸上的时候，勒杜已经开始营建他的理想。小城门 (Barrière de la Villette, 1785~1789) 是至今尚存的通向巴黎的收费站之一，是一个纯粹的希腊十字形，传达了城市的优越与富足。塞纳河畔阿尔克 (Arc-et-Senans) 的盐厂 (1775~1779) 是勒杜在萧城 (Chaux) 的唯一建筑，他运用了一些古典母题的特殊组合：粗矮无槽的希腊多立克柱立在入口处，宏伟的拱门通向洞穴般的甬道。

杰斐逊设计的弗吉尼亚大学。每一座建筑都是学习古典主义建筑的范本。

强调焦点的楼梯

圆形大厅是罗马万神庙的翻版

苏格兰的希腊复兴风格

普莱费尔（William Henry Playfair, 1790~1857）与汉密尔顿（Thomas Hamilton, 1784~1858）一道，将希腊复兴风格带进爱丁堡。爱奥尼式的苏格兰国家艺术馆（National Gallery of Scotland, 1850）与多立克式的苏格兰皇家学院（Royal Scottish Academy, 1822）都是普莱费尔的代表作。汤姆森（Alexander 'Greek' Thomson, 1817~1875）则在格拉斯哥兴建了许多座迷人的教堂。

1829年
中国乐器"笙"传入维也
纳。在英语系国家被称为
"口琴"（mouth
organ）。

1837年
在法国，历史纪念馆委员会成
立，宗旨在于复修中世纪建
筑。尽管遭到新古典主义者的
反对。

1840年代
英国城中较优质
的建筑内都已装
上煤气灯。

1800年~1900年
抱负远大
哥特复兴

19世纪中叶兴建的西敏宫（Palace of Westminster）具有划时代的意义。它优美的天际线、尖拱与各式各样的尖塔象征着新哥特风格取代新古典主义的胜利。在此之前，建筑师和赞助人都认为新古典主义风格是最适合建造重要的公共建筑，哥特风格只是在宗教建筑中才被接受。

巴里设计的伦敦新西敏宫（1836~1868，现代人熟悉的国会大厦）是第一座重要的哥特复兴风格建筑。普金提供了正宗的哥特建筑细节。

丘伊珀斯设计的阿姆斯特丹赖克斯博物馆（Rijksmuseum, 1877~1885），是一座荷兰式哥特世俗建筑，建筑上有陡坡屋顶和加勒弯顶。

1834年的一场大火，毁掉了中世纪的西敏宫，废墟上仅留下了一座大厅。为了与残余的中世纪建筑保持一致，重建新宫决定采用哥特式，而不是当时流行的新古典主义风格。巴里（Charles Barry, 1785~1860）是一位坚定的新古典主义者，他的方案首先被采用，而普金（Augustus Welby Pugin, 1812~1852）则在此方案上添加了哥特式的要素。巴里的方案严格按照古典主义，设计了对称的立面；而哥特式的装饰，例如尖拱和尖塔等则应归功于普金。普金是一位虔诚的天主教徒，他认为哥特式教堂特别是13、14世纪的最精致的"二圆心"风格建筑，与宗教的虔诚有着直接的联系。

向皈依者布道

哥特复兴风格早在18世纪末时就已经开始

1843年
普金（Pugin）穿着古怪的水手服、长筒靴游荡在海滨港口城市拉姆斯盖特（Ramsgate），眺望大海。

1848年
拉斐尔前派（Pre-Raphaelite）在英国成立了协会，立志要将15世纪意大利作品的直率与纯粹引入当代绘画中。

1881年
世界上第一列电车在柏林运行。

墙上的名字

法国理论家维奥莱－勒－杜克（Eugène-Emmanuel Viollet-le-Duc, 1814～1879）在他的著作《11至16世纪法国建筑辞典》（Dictionnaire Raisonne de l'Architecture Française, 1854～1868）中指出，哥特建筑结构上是合理的，符合结构和重力的自然规律。在后来的著作《对话录》（Entretiens）中，他还将哥特建筑同当时工程师发展的框架结构作了对比。维奥莱－勒－杜克还修复了巴黎圣母院上的《犹太王与以色列》雕像，这座雕像曾被认为象征法国君主政权而被毁于1793年。

流行。沃波尔（Horace Walpole）在重建"草莓山庄"（Strawberry Hill, 1749～1776）时就使用了折中主义哥特的式样。但正是西敏宫的兴建才明确地表明新哥特风格已经为世俗接受。英国著名的哥特复兴风格建筑还有：斯科特爵士（Sir George Gilbert Scott, 1811～1878）的格拉斯哥大学（Glasgow University, 1866～1871）与从视线上遮盖了圣潘克拉斯教堂（St. Pancras）的内陆旅店（Midland Hotel, 1865）；斯特里特（G. E. Street, 1824～1881）的伦敦法院（Law Courts, 1866～1885）。在欧洲大陆，施泰因德尔（Imre Steindl, 1839～1902）的布达佩斯国会大厦（Houses of Parliament, 1883～1901）几乎照搬了西敏宫的方案，而

真正重要的人物
普金（Augustus Pugin）与拉斯金（John Ruskin, 1819～1900）是英国维多利亚时代艺术与建筑的领袖。普金是天主教徒，对哥特建筑的热爱我们已经介绍过了。他由于是哥特复兴风格的重要人物而得到了广泛的赞誉。拉斯金更是珍惜他的艺术生命，他在《建筑七灯》（The Seven Lamps of Architecture, 1849）一书中极力宣扬"牺牲、真理、权力、美、生命、回忆与忠诚"（"我们不需要任何新的风格……已有的建筑形式对我们而言已经太精美了"）。英国建筑竟然这般风格多样，甚至略显杂乱，真让人吃惊啊。

丘伊珀斯（Petrus Cuijpers, 1827～1921）的阿姆斯特丹赖克斯博物馆（Rijksmuseum, 1877）是此种风格的另一范例。

斯科特爵士设计的带旅馆的圣潘克拉斯车站，是伦敦最值得骄傲的维多利亚式哥特建筑之一。

坡屋顶被一排尖顶阁楼打断

尖塔

1777年~1779年
英国煤溪谷（Coalbrook-dale）兴建世界上第一座铁桥，由达比（Abraham Darby）设计，他是第一位用焦煤代替木炭生产生铁的人。

1782年
瓦特（James Watt）为改良蒸汽机申请了专利。人类历史上的水轮机最终被更有效率的蒸汽机取代，工业革命徐徐开始。

1818年
纳什运用生铁建设布赖顿皇家阁楼（Royal Pavilion）。

1830年~1900年
钢铁时代
钢与铁

甚为关注建筑师风格，不会急于接受新建筑技术带来的各种可能性。首先发展新材料的结构用途并为钢铁的潜力所激动的是工程师。帕克斯顿（Joseph Paxton）设计的水晶宫（Crystal Palace）是这类新材料被广泛运用于建筑的转折点。

为1851年在海德公园（Hyde Park）举办的伦敦世界博览会兴建的水晶宫，共耗时九个月。它是钢铁建筑的先锋，同时开创了现场组装预制件施工方法的先河。水晶宫气势恢宏，它有410英尺（125米）长、197英尺（60米）宽，高度也达到了72英尺（22米）。建筑周围树木葱郁，几乎完全透明的结构更增加了建筑新奇的空间效果。

建设桥梁

生铁被应用于建筑结构，应首推1779年的英国煤溪谷大桥。同样的桥梁在美国和法国也开始兴建。新兴铁路公司之间激烈的竞争，大大地刺激了桥梁的建设和铁轨的生产。铁轨被认为是"工"形梁在结构上的首次应用。泰尔福德（Thomas Telford, 1757~1834）首创将受压性能良好的生铁用于建造拱桥；受拉性能良好的熟铁则用于建造梅奈海峡悬索桥（Menia Straits suspension bridge, 1819）。斯蒂芬森（Robert Stephenson）设计的同样跨越梅奈海峡的不列颠铁路桥（Britannia railway bridge, 1850），采用了熟铁制成的新结构体系——箱形梁。

水晶宫是为1851年伦敦世界博览会而兴建，毁于1936年大火。

1819年～1825年
泰尔福德（Telford）建造的梅奈海峡（Menai Straits）悬索桥跨距达到了161.5米。

1825年
斯托克顿（Stockton）至达灵顿（Darlington）线通行，英国拥有了世界上第一条铁路线。

1842年
美国医生朗格（Crawford Long）在为病人切除颈上肿瘤时运用了最早的现代麻醉剂（醚）。

墙上的名字

刘易斯（Lewis Cubitt）是丘比特三兄弟中最年轻也是最散漫的一个，但他与两位哥哥一样接受了良好的建筑训练。在二哥约瑟夫（Joseph Cubitt）的帮助下，他设计了国王十字（Kings Cross）车站。大哥托马斯（Thomas Cubitt）是一位雇有各种手工工匠的建筑承包商，这在当时还是一个新兴的行业，他承建的建筑达到了前所未有的巨大尺度，另外还自己开发土地。他对环境及公益事业的热情，还使他经常成为其他建筑的担保人。当1851年伦敦博览会遇到财务困难的时候，就是他提供了必要的支持。

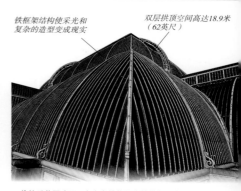

铁框架结构使采光和复杂的造型变成现实

双层拱顶空间高达18.9米（62英尺）

伦敦丘花园（Kew）皇家植物园中的棕榈馆（Palm House, 1845～1847），高耸的透明外形结构是由伯顿（Decimus Burton）和泰勒（Richard Taylor）设计。

但这是建筑吗？

铁被应用于传统建筑之前，只是出现在仓库、工厂和大市场等19世纪产生的新建筑类型上。铁路候车大堂的建设应用了一些最大胆的结构：巨大的跨度，细长的柱子以及精美的铁艺。应该说，铁路公司对这些新型结构的艺术价值并没有什么信心，所以这些带有"实利主义"色彩的建筑通常被遮盖起来。哥特、都铎、希腊复兴风格的售票大厅、旅馆和立面将这些铁造结构从公众的视线中抹去。帕丁顿站（Paddington, 1852）、圣潘克拉斯站（St. Pancras, 1865）以及尤斯顿站（Euston, 1840）都是这种情况。伦敦的

国王十字车站（Kings Cross, 1850）则是一个例外，由丘比特（Lewis Cubitt）设计，只采用了简单的砖结构，沿着铁路线设有两座半圆形拱门。唯一向复兴主义者让步的是一座意大利风格的塔。

玻璃建筑……

继水晶宫之后，为了展示一个国家的荣誉与地位以及建筑领域的超凡技能，展览厅建筑不断取得伟大的成就。1889年的巴黎世界博览会让人们领略到了当时最大的跨度与最高的高度。机械馆（Galerie des Machines）的巨大的门形架构，铰接于基础和顶部，跨度达到了空前的120米。高度上的冠军当然是埃菲尔铁塔（Eiffel Tower），迄今仍与特罗卡德罗（Trocadéro）的其他建筑一起，耸立在巴黎的中轴线上。但是孔塔曼（Victor Contamin）与埃菲尔（Gustave Eiffel）却受到了严厉的批评，认为他们所建造的钢铁怪物只能用愚蠢来形容。

1849年
法国工程师莫尼耶
（Joseph Monier,
1823～1906）发明了钢
筋混凝土。

1883年
贝尔尼戈·德沙尔多内
（Louis-Marie-Hilaire
Bernigaud de
Chardonnet）改进了人造
丝的制造工艺，并命名为螺
萦（Rayon, 意为光辉）。

1905年
当佩雷（Perret）在巴黎特罗卡德
罗（Trocadèro）附近开始建造第
一座重要建筑的时候，高迪
（Gaudi）也开始兴建巴塞罗那的
米拉公寓（Casa Mila apartment,
1905～1910）。

1850年～1950年
硬汉子
混凝土结构

钢筋混凝土为20世纪建筑的结构、形制以及美学带来戏剧性的效果。钢筋混凝土发祥于19世纪，这种发展与炼钢术的成长息息相关。

佩雷设计的巴黎富兰克林路公寓（1903）有内凹的立面和暴露的框架结构。

法国从18世纪晚期开始重新使用混凝土。至19世纪中叶，已经普遍用于基础与楼板结构。混凝土是砂、碎石与水的混合物，它的受压性能良好，可以承担很大的垂直荷载。通过试验证明，混凝土加入铸铁（以后又使用钢筋），可以使材料的抗压与抗拉性能大大改善，而且防火效果也不错。夸涅（François Coignet, 1814～1888）为奥斯曼（Haussmann）的巴黎市区改建计划设计的排污设备，属于第一批检测新技术潜力的试验品。

连接

真正的突破，产生于另一位法国人埃内比克（François Hennebique, 1842～1921）解决了梁柱的连接问题。他使用可以弯曲成各种角度的圆钢筋，使构件形成整体交接，这种构造是建造大型框架结构的基础。埃内比克的名字很快在全欧洲成为钢筋混凝土建筑的代名词。

佩雷（August Perret, 1874～1954）是第一批建造全钢筋混凝土结构的建筑师之一。他在巴黎富兰克林路（rue Franklin）

墙上的名字

加尼耶（Tony Garnier）于1899年毕业于巴黎美术学院（École des Beaux-Arts），并且赢得了罗马大奖（Prix de Rome）。加尼耶没有将精力用于抄袭古代建筑，而是醉心著述《工业城市》一书（Cité Industrielle）。此书出版于1917年，这是"分区制"城市规划的最早范例之一，同时主张用混凝土建筑实现这一设想。他建议的绝对几何化的简约房屋，预示着这些小白盒子将为"现代"建筑师所钟爱。

1925年
巴黎装饰艺术博览会告诉人们时代的趣味是简单与朴实。设计通常是几何化的、立体的、抽象的、风格化的"新艺术"（art nouveau）。

1936年
西班牙内战爆发。

1947年
较富裕的家庭开始安装电视机。

多长优雅

坎德拉（Felix Candela，1910~1997）是一位在墨西哥工作的混凝土工程师，对优美的抛物形薄壁混凝土壳的发展起了重要作用。第一座宇宙光大厦（Cosmic Ray building，1951）的顶只有12.7~20.3厘米厚，整个结构采用直板，体形既简洁又经济。他曾与多位建筑师合作过，最著名的作品是墨西哥城的奥林匹克运动场（Olympic Stadium，1968）和圣利亚奇迹教堂（church of Santa Maria Miraculosa，1954）。

雷设计的圣母堂（1922~1923）使个法国信服混凝是一种可以接受的建筑材料。

建造的公寓（1903）可以在立面上看出框架结构，框架之间填窗户或镶嵌瓷砖。公寓立面不寻常的内凹形制，具有实用主义的功能，既满足建筑前方必须设有"后园"，又增加了楼层的使用面积，而且高耸的转折形式为建筑增加了"哥特"印象。

到了20世纪初期，钢筋混凝土框架已成为标准结构。进一步的发展集中在改善体形与表面纹理以及不断创造其他新的结构形式，如弗雷西内（Freysinet，1879~1962）设计的抛物线曲面飞机库，内尔维（Perluigi Nervi，1891~1971）设计的薄壁壳结构。对早期现代建筑师而言，整体框架最重要一点是板伸出柱外并形成悬挑结构的可能性，可以使整个立面变得光滑。

全现代化的设施

英国从1860年到1890年经历了巨大的技术和社会变革。国会立法拆除贫民窟，更重视公共卫生福利。而此时的建筑本身就充分体现了各种新的主张……

"……我们已经拥有巴泽尔杰特（Sir Joseph Bazalgette，1819~1891）从19世纪60年代中期开始为整个伦敦城建造的排污系统。1880年以后，厕所都是标准的装置了。我们已使用了许多多年的煤气灯，但是当1881年我们在法国的萨瓦（Savoy）看到电灯时，我对我太太说不管多贵也要拥有它。我知道在布赖顿的萨松（Sassoon）和罗斯柴尔德（Rothschild）已安装有发电机。当我们去那些俱乐部时，你猜我们是怎么上楼梯的？我们根本没走，而是用那些漂亮的美国升降机。这种东西从19世纪60年代开始便有。很快我们就为自己的房子也购置了一部……"

1865年
世界上第一个社会主义政党，"社会民主劳动党"在德国正式诞生。

1876年
费城（Philadelphia）的建国百年展览会上展出了谢克尔（Shaker）的家具。从此，这种式样越来越流行。

1881年
莫里斯（William Morris）在默顿（Merton）创建了一间壁纸和地毯厂。羊毛首先在云锋河（Wandle）中清洗，然后，用莫里斯发明的染料染色。

1860年~1900年
实用与美观
工艺美术运动

肯特郡贝克斯利海斯的红屋（1859~1860）是韦伯为莫里斯设计的，采用了折中主义非正统的民居设计手法。

19世纪晚期英国的"工艺美术运动"（Arts and Crafts movement），完全是针对工业化批量产品到来的冲击。当时的产品被认为是丑陋而没有价值的赝品。这一运动的初衷，一般说是恢复人的技艺，建筑上则是促进那些使用本地材料的传统建造技术。

莫里斯（William Morris, 1834~1896）是这次运动中最有影响的人物。他是一位设计师、讲师、社会主义者和民居建筑的推动者。他认为艺术应该是普通人生活的一部分，而非有钱人的专利："我不希望艺术还像教育和自由一样只为少数人所拥有"。由于设计精美、质量良好的产品难求，莫里斯于1861年成立了自己的公司：莫里斯-马歇尔-福克纳公司（Morris, Marshall and Faulkner, 后改为莫里斯公司，Morris and Co.）。他设计的壁纸和纺织品通常是色彩绚丽构图精致的花鸟图案。莫里斯对设计和手工艺品的倡导很大程度上受到拉斯金（Ruskin）著作的影响。同时他还认为，作品的品质源于艺人与作品的关系，将工作看作快乐

的人会创造出好的产品。在莫里斯的眼里，批量产品由于将制造者与产品相分离，只能生产出丑陋的货物和一群靠工资生活的工人。至19世纪90年代，"工艺美术运动"已经在欧洲大陆和北美广泛流传。

莫里斯的建筑师和朋友韦伯（Philip Webb, 1831~1915）为他设计的位于贝克斯利海斯的"红屋"（Red House, Bexleyheath, 1859），是这一时期最有影响的建筑之一。红屋的平面布局自由，不对称；房子用红砖建成（以此得名）；朴素的坡屋顶几乎占到立面的一半。整个建筑与当时流行的白色粉饰的意大利式别墅非常不同。莫里斯对建筑内部也颇费心思，重新设计墙上悬挂的装饰、家具及彩绘玻璃窗，全依据他的基本原则建设。

1884年
芝加哥兴建了第一座摩天大楼：家庭保险公司大厦（Home Assurance Building），设计人是詹尼（Jenney）和蒙德尔（Mundie）。

1871年~1896年
由吉尔伯特（Gilbert）作词、沙利文（Sullivan）谱曲的系列轻喜剧在伦敦萨德勒韦尔斯（Sadlers Wells）的卡特剧院（D'Oyly Carte Theatre）向热情的观众演出。

1897年
马尔科尼（Marconi）用风筝和气球使收音机在空中飞行，无线通讯出现在萨尔斯堡平原（Salisbury Plain）。

墙上的名字

布恩琼斯爵士（Sir Edward Burne-Jones, 1833~1898）的名声大概主要来自加盟拉斐尔前派（Pre-Raphaelite）协会。他从一名插图画师变为准男爵，这在他晚年的生活圈子中并不稀奇，我们也只能称他为莫里斯公司的挂毯艺术家。布恩琼斯不仅被称为"当代最好的描图员"，他甚至还愚蠢地模仿波提切利（Botticelli）的遗风。不管你喜欢还是厌恶他，他仍然很著名。

荷兰式住宅

萧氏（Richard Norman Shaw, 1831~1912）代表了当时英国别墅建筑的另一种趣味。他的早期作品属于优美的哥特复兴风格：苏塞克斯郡的雷斯伍德住宅（Leys-wood, 1868）、诺森伯兰郡的克拉格塞德住宅（Cragside, 1870）都是这种浪漫的

"老英国"风格。他的晚期作品则明显采用了"安妮女王"式风格，也称为典型英国风格，是一系列的伦敦城市住宅：红砖墙面、坡屋顶、在外墙角处使用石材，不由得勾起了人们对17世纪中叶荷兰建筑的回忆，并预示了日后融入的"工艺美术运动"。

伦敦警察厅（New Scotland Yard, 1887~1890）是萧氏设计的第一座公共建筑，也采用了红砖和石材。角部悬挑的圆形角楼使建筑显得别致而精彩。

嘿！你以为你在干什么？

维多利亚时期的英国还面临建筑维修的问题。虽然当时人们还不知道酸雨是什么，但它确实存在；而且大部分中世纪的建筑都处于年久失修的状态。这些建筑损坏得如此严重，以致当时人们不得不重修整个建筑的侧翼或向天祈祷。斯科特（Sir George Gilbert Scott, 1811~1878）曾是教堂、车站、民用以及政府建筑的设计师，成为这些善意的罪人中最"坏"的一个。因为他，那些古建筑的光辉被掩盖在维多利亚式的污垢之下，令人痛心。所以，在莫里斯的倡议下（你一定猜到了），于1877年成立了保护古建筑协会。现在看来，这一善举毫无疑问是同工艺美术运动联系在一起的……

伦敦切斯维克（Chiswick）的贝德福德公园（Bedford Park）是19世纪70至80年代"安妮女王"风格城郊住宅的先驱。区内有住宅、旅馆、俱乐部、教堂和工作室，许多主要建筑师设计出来的"美学的天堂"。

1886年
美国人霍尔（Charles Hall,
1863~1914）与法国冶金学家埃鲁
（Paul Heroult, 1863~1914）改进了
制铝术，他们通过电解氧化铝溶液，
轻易地获得了金属铝。从此铝成为一
种便宜的结构材料。

1888年
伊士曼（George
Eastman, 1854~
1932）发明了柯达
（Kodak）相机。家
庭电影诞生了。

1889年
代表最新建筑技术的
埃菲尔铁塔在一片批
评声中建成。

19世纪晚期
恬美的家
住宅复兴

德国建筑理论家穆特修斯（Hermann
Muthesius）在他的著作《英国住宅》
（The English House, 1904）一书中指
出："英国建筑没有什么像住宅那样既独
具特色又出类拔萃"。像欧洲其他国家一
样，英国的建筑师也认识到，必须有一种
独特的、地域性或国家性的风格与历史或
复兴主义潮流同时存在。而乡居别墅的民
居建筑传统加上工艺美术运动的精神，正
是实现这种风格的方法。

墙上的名字

斯特里特（*George Edmund Street, 1824~
1881*）也只能怪自己了。如果他不是那么
成功，于1852年在牛津开办了自己的建筑
事务所，可能就不会与莫里斯和韦伯订立
契约。但他确实这么做了，然而在后二者
眼里，斯特里特只是一位历史学者。斯特
里特曾师从斯科特（*George Gilbert
Scott*），并且游历甚广（到过西班牙、德
国和意大利等国），难怪他所设计的哥特
建筑是当时欧洲最杰出的。在完成了许多
教堂建筑之后，他在皇家法院（*Royal
Court of Justice, 1874~1882*）的方案竞
赛中获得了极大的成功，这个项目最终由
他的儿子完成。

伦敦安斯利宅邸（1896），建筑上有扶垛、
白色卵石墙面和坡屋顶，这些都是典型的
沃伊奇住宅风格。

建筑的地方传统与天然条件（气候、
地貌、建材）和英国维多利亚晚期
复杂的社会结构有着紧密的联系。沃伊奇
（C. F. A. Voysey, 1857~1941）的作品
是这种地方传统风格最好的例证，他是英
国工艺美术运动住宅复兴的积极倡导者，
而且是一位多产的建筑师。他的别墅建筑
非常别致：房屋长而矮，窗户横向，屋顶
坡度很大，外墙粉刷成白色，纹理粗糙。
乔利伍德（Chorley Wood）的果园别墅
（The Orchard, 1899）是一个典型的例
子，建筑内部的白色镶板与柔和的色彩代
表了女性的柔美。

1900年
勃纳尔（Pierre Bonnard, 1867~1947）与维亚尔（Édouard Vuillard, 1868~1940）开始绘画家居生活的恬美，形成了所谓的家居学派（Intimiste school）。

1900年
弗洛伊德（Sigmund Freud）依据在维也纳（Vienna）的临床经验写作了《梦的解析》（The Interpretation of Dreams）。

1920年
从这一年起，美国出现了定期无线电广播。

传递信息

勒萨比（William Richard Lethaby, 1857~1931）只完成了很少的几座建筑，但却非常重要。伯洛克汉普顿的万圣堂（The Church of All Saints, 1900~1902），是这一时期最具创意的建筑之一；其他有汉普郡的阿文·蒂勒尔别墅（Avon Tyrrell, 1891）与奥克尼郡的梅尔塞特尔宅邸（Melsetter House, 1898）。勒萨比是中央工艺美术学院的第一位主任（第一间学院设教授手工艺的车间）。身为学者和教师，勒萨比的影响深远。他的《建筑史》（History of Architecture, 1898）一书确立了工艺美术运动的精神："设计……并非手艺"，"设计也不是历史上各种风格的知识和学问，而是对现实需求的响应"。

勒琴斯爵士

受萧氏（Shaw）和韦伯（Webb）的影响，勒琴斯爵士（Sir Edward Lutyens, 1869~1944）设计了一些与工艺美术运动相联系的最著名的别墅建筑：伯克郡的桑宁教区所（Deanery Garde at Sonning, 1899~1902）和为杰基尔（Jekyll）设计的萨里郡的蒙代庄园（Munstead Wood at Godalming）；以后又设计了一些伦敦的商业建筑，如米特兰银行总部（Midland Bank Headquarters, 1924~1939）和不列颠大厦（Britannic House, 1920~1924）。另一位工艺美术运动的诠释者是斯科特（Hugh Mackay Baillie Scott, 1865~1945），他对社会主义思想有着浓厚的兴趣，致力于集体居住设施和住宅建筑的改革，特别是越来越强烈的妇女独立意识。在伦敦城郊的汉普斯特德园（Hampstead Garden），他设计了一座称为沃特罗庭（Waterlow Court）的单身女子公寓。

禁止拍照！

勒萨比爵士（W. R. Lethaby, 1857~1931）在1884年成立了"艺术工作者协会"，希望将各种手工艺人聚集在一起，而不是制度化，最初的会员包括了一个虚构的组织"十五人组"（The Fifteen）。"协会"并不想谈论他们为社会对艺术的巨大促进作用，而只认为他们是艺术品位的守护人。奇怪！因而又诞生了另一个组织"工艺美术展览协会"，专门从事"艺术工作者协会"所不举办的艺术品展览。这两个组织都引入了设计领域的新潮流"新艺术"风格（Art Nouveau），且在各地已经有声有色地展开了。

传统的茅屋顶

当地的石材

勒萨比设计的伯洛克汉普顿诸圣堂，是真正的工艺美术运动样式。

1895年
《设计室》（Studio）杂志举办了以"理想的煤斗"为题的设计竞赛。斯科特（M. H. Baillie Scott）成为入围者之一。

1895年
一家以"新艺术"（Art Nouveau）为招牌的商店在巴黎开张营业，该店销售的是完全现代的、不属模仿的新设计。

1890年代
散拍爵士乐（Ragtime）风行全纽约。乔普林（Scott Joplin）的带切分音的节奏在全城回响。

1890年~1905年
优美的曲线
新艺术运动

新艺术运动（Art Nouveau）起源于19世纪80年代的平面美术和纺织品设计，90年代扩展至家具和建筑。同工艺美术运动一样，新艺术运动也拒绝历史主义并注重对事物本质的认识以及人类技艺的推崇。然而工艺美术运动以中世纪的艺术当作自己的范本，新艺术运动却面向新建造技术、生产技术所带来的巨大潜能。

巴黎地铁多芬内（Dauphine）站入口（约1900年）是由格里马尔设计的典型的新艺术风格作品。

风格点评

• 瓷砖构成的装饰性的表面通常色彩明快，有长而平滑的略显倦意的曲线，模仿风格化的植物图案；
• 建筑形制通常是不对称的；
• 使用新罗马风（Neo-Romanesque）拱门或非常扁平的拱门。

受大自然启发，以生物形态为基础的"新自由风格"（New Free Style）崇尚青春、自由与纯洁。它流行于整个欧洲，并以不同的名称出现，包括德国的"青年风格"（Jugendstil）、意大利的"自由风格"（Stile Liberte），但与其联系最紧密的还是比利时和法国的"新艺术运动"（Art Nouveau）。

新艺术运动由于与实用美术和"世纪末颓废"（fin de siècle decadence）的联系，且手法过于华丽，常常被艺术理论家和史学家作为一种装饰而不是一种风格。事实上新艺术长而平滑的曲线与幼细的线条，采用新的金属工艺是非常理想的。它更能展现材料的潜力，例如熟铁工艺，它可以作为结构和装饰同时出现。

1895年～1900年
比利时男爵霍尔塔（Victor Horta）在布鲁塞尔建造的Hotel Solvay与Van Eetvelde House充满了流线型装饰，使用了风格化的植物。

1900年
德国物理学家普朗克（Max Planck）提出了量子理论，并指出能量由不可分的单元组成，现代物理学诞生了。

墙上的名字

马克麦多（Arthur Heygale Mackmurdo, 1851～1942）因首先将新艺术风格的曲线用于其著作《雷恩的城市教堂》（Wren's City churches, 1884）与《世纪协会》（Century Guild, 1882）的封面，而享有很高的声誉。凡·德·维尔德（Henri Van de Velde, 1863～1957）在拉斯金和莫里斯的影响下成为非常成功的设计师。他于1892年设计了第一座建筑，后来成为柏林工艺美术学校的校长。

法国万岁

格里马尔（Hector Guimard, 1867～1942）尽力在他的作品中体现出源于自然的三大法则：逻辑、和谐和情趣。他对于那些为装饰而装饰运用新艺术主题的人，总是提出相当尖刻的批评。巴黎地铁站（Métro stations, Paris, 1899～1904）是格里马尔原则的代表作：有机的形式，结构平正，装饰要素，展现情趣就是整体最重要的一个部分。

霍尔塔男爵（Baron Victor Horta, 1861～1847）设计的布鲁塞尔人民宫（Maison du Peuple, 1896）更创造出一种新的建筑类型。这座建筑是1894年新社会主义党在议会首次赢得席位后，由工人合作兴建的一系列所谓"人民的建筑"之一。这座建筑的平面与地盘的地势相一致，灵活的布局巧妙地包含了两个楼梯间。建筑下层是较小的房间和辅助服务空间，第四层则是有三个楼层高的宽敞的主会议厅。会议厅内部地板是倾斜的，天花是波动的，悬挑的阳台倚在斜墙上。

世纪末美术

世纪末，法语称 Fin de Siècle。严格来说是19世纪末，实际上几乎无法用历史形式表现如此丰富的内涵。世纪末美术一词可用来描述挪威人蒙克（Edvard Munch, 1863～1944）与匈牙利人克里木特（Gustav Klimt, 1862～1918）的绘画，德国的表现主义运动等。但如果谈论德国人瓦格纳（Richard Wagner, 1813～1883）或者爱尔兰人王尔德（Oscar Wilde, 1854～1900）、焦虑、中性或无政府政治混乱等话题，则会引起争议。世纪末美术始于19世纪90年代，终于1914年8月4日。回顾理想希望渺茫。

强调曲线

布鲁塞尔霍尔塔男爵私宅室内，是新艺术风格最早的作品之一。富有创新精神的霍尔塔后来成为了古典主义者。

1869年	**1873年**	**1884年**
苏伊士运河（Suez Canal）开通，从英国至印度的旅途时间缩短了一半。工程师是法国人德莱塞普（Ferdinand de Lesseps）。	旧金山（San Francisco）的街道上出现了电缆车。	古柯碱（Cocaine）使人上瘾的特性被认识以前，已在一次眼科手术中作为局部麻醉剂使用。

1875年～1910年

大型石建筑的尾声

美国

来自罗马万神庙
的启示。

美国连续不断且不加批判地效法欧洲各种风格，如新希腊、新帕拉第奥等的时代，因里查森（Henry Hobson Richardson, 1838～1886）激发了创造美国风格的灵感而结束，并导致了摩天楼的大发展。他的建筑体量宏伟，简单刚劲的形制给人强健与安全的感觉。有些建筑评论家指出，里查森的作品具有一股阳刚之气。

里查森从1859年至1862年就读于巴黎美术学院（École des Beaux-Arts），然后在拉布鲁斯特（Henri Labrouste）的工作室工作。他设计了一些私人住宅，在选用材料和平面布局方面都颇富创造性。然而，里查森的影响主要还是在商业建筑方面，如火车站、仓库和图书馆等一些注重功能的场所。

马歇尔·菲尔德批发大楼（Marshall Field Wholesale Building, 1885）是他的商业建筑中最重要的一座。这座建筑七层高，没有完全使用最新的钢框架技术，而是以坚实、纹理丰富、承重的石材作为主要的建筑材料，并有宽敞的拱形门入口。整个建筑线条清晰，没有表面装饰，属于典型的新理性主义风格作品。

美国复兴

里查森作品中的创意与理性，清楚地反映在芝加哥学派（Chicago School）和新出现的现代主义（Modernism）中，他的作品同样影响了风格迥异的美洲殖民建筑复兴主义。主要的复兴主义者包括：麦金（Charles McKim, 1847～1909）、米德（William Mead, 1846～1928）和怀特（Stanford White, 1853～1906）。他们的作品遵循古典装饰派的对称布局，但运用上更加大胆，将欧洲不同的先例都搬上图纸：西班牙的摩

教条与自然

拉布鲁斯特（Henri Labrouste, 1801～1875）在他那个年代是一个不寻常的人。当他还是个学生的时候，就让老师们大吃一惊：他重修古建筑的方案，竟然将白石头建筑染上绚丽的色彩，并且改变了宗教建筑的用途，变得更加功利和为世俗活动服务。他的圣日内维夫图书馆（St. Geneviève Library）是最早使用暴露铸铁结构的公共建筑之一。这让当时大多数人感到震惊！

1895年
第一部"动画"在巴黎上映，卢米埃尔（Lumière）兄弟放映了一部以工人离开工厂为题材的电影。电影院也同时诞生了。

1896年
路斯（Adolf Loos）定居维也纳（Vienna），他遇到了维也纳分离派（Secessionist）画家。但二人相处不来。

1898年
连接全城的巴黎地铁开通。

尔式塔楼、万神庙或罗马浴室等。这种实践创造了大量的重要公共建筑，其中包括波士顿公共图书馆（Boston Public Library, 1887），立面几乎完全照搬了拉布鲁斯特的巴黎圣日内维夫图书馆（St. Geneviève Library）。在纽约市的代表作是宾夕法尼亚州火车站（Pennsylvania Railway Station, 1904年，毁于1963年），这座建筑对于铁路公司和实用主义者而言都是一次巨大的胜利。而从审美的角度看，候车大堂的新式钢材和玻璃屋顶显示出对未来的憧憬，而模仿古罗马卡拉卡拉（Caracalla）浴室的石材立面则表达了对过去的怀念。

墙上的名字

里查森对建筑的热情，强烈地感染着麦金、米德、怀特一伙中的怀特（Stanford White）与伯纳姆、鲁特一伙中的鲁特（J. W. Root）。里查森和怀特在传记中被描述成"生活考究的人"，而怀特更神奇地被描述成"在其他方面也很非凡的人"。伯纳姆（Daniel Burnham）则被称为"从不做小方案，因为不能激起人们的热情"。当他的队伍正在修建摩天楼，其他人正在修建住宅和公共建筑时，怀特一定还有更"大"的计划：1906年，他在一次剧院排练时被枪杀。

麦金、米德和怀特设计的波士顿公共图书馆（1887～1893）是一个拘谨的学院派作品，抄袭了拉布鲁斯特的巴黎圣日内维夫图书馆方案。

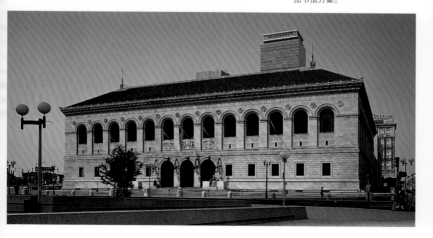

1866年
诺贝尔（Alfred Nobel，
著名的诺贝尔奖的创立
者）发明了炸药。从此，
建筑可以在一瞬间破坏
掉。

1870年
有30万人口的芝加哥
（Chicago）成为当时美
国西部最大的城市。

1884年
沃特曼（Lewis Edson
Waterman）以同名
注册了自来水笔
的专利。

1875年～1910年
芝加哥学派
高耸入云

继1871年的大火以及随后的一段萧条岁月后，芝加哥城再次迅速膨胀。尽管建筑发展迅速，可建空间有限，土地价格上扬，满足房屋商业需求的压力不断增加。建筑的高层化成为不可避免的结果。

这一组商业建筑的共同特征是使用激进的新发明：钢框架结构，而更重要的是该结构直接暴露于建筑的外部。这些迅速闻名天下的第一批"摩天楼"只有大约15层高。将近30年后，另一波兴建高层建筑的真正竞赛再次出现。

沙利文（Louis Sullivan, 1856～1924）是最重要的设计师。正是他提出了"形式服从功能"的口号，他坚信由功能创造艺术的需求才是合乎逻辑的起点。沙利文的早期作品包括圣路易斯（St. Louis）的温赖特大厦（Wainwright Building, 1890）和水牛城（Buffalo）的信托银行大厦（Guaranty Building, 1894～1895）。这两座大厦本身的钢框结构虽然看不见，但结构的韵律和内部空间的组织已经清楚地表现在建筑的外部。立面的组成仍然援引过去的形式，是古典主义的翻版，带粗面石工的建筑首层，顶部阁楼容纳厂房设备。立面由承重的石材砌成，上面还有装饰性的横带饰、靶心式的窗口和凸出的柱带饰。

最初建筑有一条凸出的檐带饰

沙里文的芝加哥施莱辛格·麦耶百货公司（现在的卡森·皮里·斯科特百货公司，1899～1904）。建筑立面由白釉陶面砖装饰钢结构。

强调水平线条

1890年
在伤膝谷（Wounded Knee），350名苏族人（Sioux）被屠杀，美洲土著印第安人几乎被消灭干净。

1891年
哈代（Thomas Hardy，1840～1928）的小说《德伯家的苔丝》和王尔德（Oscar Wilde，1854～1900）的《道林·格雷的画像》出版了。

1897年
美国人苏泽（John Sousa）创作了一度流行的海军进行曲《永恒的星条旗》（Stars and Stripes Forever）。

墙上的名字

在距离地面六层高的地方，污染和大风使打开窗户成为一个坏主意。卡里尔（开利）博士（Dr Willis Haviland Carrier）想出了解决办法，他在纽约布鲁克林区的印刷厂中成功地控制了温度和湿度。他的竞争对手克拉默（Stuart W. Cramer）于1906年申请了一项专利，取名"空气调节机"。开利公司直到1933年一直称他们的系统为"人造气候"，并于1938年设计了导管式空调，使得开利公司可以发展具有20世纪50年代特征的开敞式办公室。

伯纳姆（David Burnham，1845～1912）与鲁特（John Root, 1850～1891）设计的瑞莱斯大厦（Reliance Building，1895），是最早的没有披上石材外衣、完全成熟的钢框架结构高层建筑。基层与阁楼几乎看不见，当中作为功能结构的办公室完全可见，高耸的垂直框架结构与水平楼板也被完全表达出来。当然，最有成就的建筑还是沙利文设计的芝加哥卡森·皮里·斯科特百货公司大楼（Carson Pirie Scott Department Store，1904～1905），终于

首次把新技术精确地表达，形成了一种完全独立于过去任何风格的新式样。虽然沙利文在表面装饰方面只是使用了"新艺术"所常用的风格化之树木花草的自然形态，一种与其立面的空间抽象性可相媲美的抽象形态，但很多人仍然认为这种装饰手法和整个建筑的理性特征是矛盾的。

伯纳姆和鲁特最著名亦可能是最受欢迎的建筑，当数纽约市的"熨斗"大厦（Flatiron Building）。在它于1902年建成时是世界上最高的建筑。它位于百老汇大街(Broadway)与第五大道（Fifth Avenue）的三角形交叉口处，位置显著，整座建筑具有所有可辨认的芝加哥学派的特征。熨斗大厦楼高21层，采用当时最新的钢框架体系，却披着相当保守的石灰石和瓷砖外衣。

伯纳姆和鲁特1902年设计的熨斗大厦将芝加哥学派建筑带到纽约市

1883年
史蒂文森（Robert Louis Stevenson, 1850～1894）的《金银岛》（Treasure Island）脱稿，这是一个绝妙的传奇故事。

1888年
哈迪（James Keir Hardie, 1856～1915）建立了苏格兰工党，同年在拉纳克（Lanark）的竞选中惨遭失败。

1901年
布思（Hubert Cecil Booth, 1871～1955）发明了一种奇妙的机器：真空吸尘器。

1890年~1920年
新艺术运动在苏格兰
麦金托什

麦金托什兴建了格拉斯哥艺术学院的西翼（1907～1909），这部分建筑主要用作图书馆。

庄严、方正、严肃与简朴，凸出墙外的窗户，高耸的烟囱，以及饱经风霜的墙面；麦金托什（Charles Rennie Mackintosh, 1868～1928）的作品具有和奥地利"分离派"艺术家（Secessionist）的作品相似的性格。1900年，麦金托什曾在奥地利举办过展览。通过美术杂志《设计室》（The Studio, 1893），麦金托什成为霍夫曼（Josef Hoffmann）和欧洲其他新艺术运动（Art Nouveau）艺术家的灵感源泉。

有得，有失
麦金托什独特的个性，在欧洲大陆比在他的家乡更加出名。他的作品在英国并不怎么受欢迎，然而奥地利"分离派"（Secessionists）却求贤若渴。麦金托什于1904年成为霍尼曼凯珀建筑事务所（Honeyman and Keppie）的合伙人，但他看起来在人际问题上总有麻烦；虽然工作很卓越，但不善与人交往。1913年，他放弃建筑，旅居英国和欧洲各地，并致力于绘画。他未曾富有过，也从不后悔，终于英年早逝。难道这不是浪费生命吗？

麦金托什构思了带有纯正苏格兰风味的角塔式建筑（Scottish baronial architecture），并以此为题向格拉斯哥建筑协会提交了论文，这一形式其实正体现出不断改进的欧洲现代风格的特征。在论文中，麦金托什提倡理性化设计：石材墙面具有承重、隔热和防风的作用，开口较小的窗户防止过度的热量损失，尖塔式的坡屋顶和飞檐在雨雪天气则可以发挥各自的功能。麦金托什的建筑独具一格，是突变无常的气候与未开化的景观的再现，而这连同他精确的制图，都被新艺术运动艺术家作为他们设计的一个有机组成部分和自然的倾向加以吸收。事实上，麦金托什的风格更类似于工艺美术运动而不像现代主义或运用工业手

麦金托什的家具：请叫我"朴素"先生
麦金托什的家具在各个方面都是无可挑剔的，即使是他最爱使用的白色也是如此。他的早期作品总是使用纯白底色上的装饰，然而随着时间的流逝，他的风格也变得不那么偏激了。尽管"纯粹性"与工艺美术运动晚期相联系，但麦金托什在这方面却独具特色，这主要是因为他对比例的理解与众不同：在著名的格拉斯哥艺术学院，长形的几何图形看上去是笨拙的，有些作品甚至被评论家称为"反审美"。不过，也可能正是这样，才使得麦金托什不会被轻易忘记吧。

1904年
苏格兰剧作家巴里（James Matthew Barrie, 1860~1937）写作了《小飞侠》（Peter Pan）。八年后，这个孤儿的同名雕像在伦敦肯辛顿花园建成。

1907年
开尔文男爵（Baron Kelvin）汤姆森（William Thomson）去世。他是一位伟大的数学家、物理学家，推动了"绝对零度"概念（无论固体、液体或气体都没有运动的状态）的发展。标注绝对温度的开尔文温标就是以他命名。

1915年
特威兹穆尔男爵（Baron Tweedsmuir）巴肯（John Buchan, 1875~1940）写作了恐怖侦探小说《三十九级台阶》，描写主人公汉内（Hannay）在苏格兰冒险的故事。

法的其他现代流派。

我属于格拉斯哥

麦金托什为格拉斯哥许多茶室设计室内，他一改过去酒馆的昏暗与乌烟瘴气，露出明快时髦的气氛。布坎南街茶室（Buchanan Street tea room, 1897）可以显现出克里木特（Klimt）作品的影子。

麦金托什的作品将对建筑的理性思考同个人的艺术表现力结合在一起。建筑内部空间首次被优先考虑。海伦堡（Helensburgh）

格拉斯哥索西荷街柳树茶室（Willow Tea Rooms, 1904）室内的曲线玻璃和金属工艺是典型的麦金托什风格。

墙上的名字

纽伯里（Francis Newberry, 格拉斯哥艺术学院校长）发现了麦金托什（Mackintosh）、麦克奈尔（Herbert McNair）和麦克唐纳姐妹（Frances & Margaret MacDonald）作品的共性，而将他们划为一类。这四位艺术家参加了工艺美术展览协会（Arts and Crafts Exhibition Society）于1896年举办的展览。然而，比尔兹利（Beardsley）、王尔德（Wilde）认为他们的作品过于古怪，建议取消他们的参展资格，并且称他们为"鬼魂"。1897年，一个记者不得不在文章中告诉读者：这些人是"快乐、健康的"，并未显出为病魔所困的症状。

的希尔住宅（Hill House, 1903），室内空间设计的重要性：建筑的内部空间像是镂空雕刻出来的一样，设计师对房间与室外风景的关系也处理得十分考究。建筑的外部形式是内部空间构成的自然结果（现代风格），而不是反过来决定和支配内部空间（新古典主义）。

1896年，麦金托什中标设计他最著名也是最成功的一项工程：格拉斯哥艺术学院（Glasgow School of Art）。他对建筑内部空间和外部形式复杂关系的处理、对日光的控制以及对建筑与周围环境关系的处理，都是同时代其他建筑所无法比拟的。

1895年
第一张X光图像显示了伦琴（Bertha Roentgen）的戴戒指的手指。她的丈夫威廉（Wilhelm）发现了电磁射线。

1898年
芬兰作曲家西贝柳斯（Sibelius），由国家资助开始创作他的九首交响乐中的第一首。

1899年
黑森大公路德维希（Ernst Ludwig）因喜欢奥尔布里希（Olbrich）为新艺术家群体设计的"分离派展览馆"，自己在达姆施塔特（Darmstadt）建立了一个艺术家团体。

1840年~1920年
同传统决裂
分离派

奥尔布里希设计的革命性的维也纳分离派展览馆（1897~1898），为当时进步的艺术家提供展览场所。这座建筑本身也确立了奥尔布里希的声誉。

"一切不实用的都不是美的"，这是19世纪末奥地利最进步的建筑师瓦格纳（Otto Wagner, 1841~1918）毫不妥协的宣言。1894年，他在维也纳帝国艺术学院（Imperial Academy of Art）的就职演说中［随后以《现代建筑》（Moderne Architektur）出版］又一次呼吁，建筑再也不要重复18、19世纪的风格，他要求新一代的建筑师创造"新建筑"。他们必须拒绝过去的一切，拒绝历史主义，应该在"现实生活"中寻找灵感，满足"时代的新需求"。

瓦格纳从新古典主义风格（Neoclassical style）开始了自己的职业生涯。随后，在设计维也纳斯塔特伯恩火车站（Stadtbahn, 1894~1901）时，他已经开始运用新艺术风格（Art Nouveau）。由于在事业上取得了极大的成功，瓦格纳主持了重新规划维也纳城的工作，并且应邀到艺术学院授课。从他晚期的作品中，可以清晰地看到他对自己原则的阐释。瓦格纳抛弃了新古典主义对称的布局以及那些用来掩饰结构的立面装饰语言，我们首次看到暴露于外的不同的建筑材料。墙体、楼板、防水以及结构上使用的材料，都成为建筑感官体验的一部分。

瓦格纳最重要的建筑是维也纳的邮政储蓄银行（Post Office Savings Bank, 1906）。建筑的外立面覆盖着用铝螺栓固定的大理石板；建筑内部主厅上是粉刷光滑的桶形圆拱屋顶。简单、直率、有效的设计更显出一种从容的高雅。

瓦格纳的弟子中知名度最高的要算维也纳分离派艺术家奥尔

风格点评

维也纳分离派的建筑师希望：

· 创造一种不抄袭古代先例的建筑风格；

· "适用"是他们思考问题的出发点；

· 建筑注重实用的特点发展一种独特的立面。

· 釉面陶瓷面砖和石饰面板被大量使用，易于冲洗，不会像历史悠久的城市中那些砖石建筑一样在灰尘污垢下褪色。

《设计室》

艺术杂志大大地影响了设计的实践。例如，它刊登的麦金托什的作品引起了奥地利建筑师的注意。它还刊登有斯科特（M. H. Baillie Scott）的中世纪家具和布恩琼斯（Burne-Jones）的挂毯等等；黑森伯爵正是通过《设计室》杂志，发现了斯科特的作品，并邀请他参加达姆施塔特官的建设工作。

奥尔布里希设计的分离派展览馆（Secession Building），不但确立了他的声誉，也展示了新的手法。建筑基部工谨方正，表面光滑整洁，半球形穹顶镶嵌着金银丝，整座

布里希（Joseph Maria Olbrich, 1867～1908）和霍夫曼（Josef Hoffmann, 1870～1956）。虽然分离派建筑作品与法国、比利时的新艺术运动尚有千丝万缕的联系，但它们也具有独立的特征：立体的形式，注重材料的品质。

墙上的名字

瓦格纳呼吁废除装饰、建造新理性建筑，并非无人响应。凡德维尔德（Henri Van de Velde, 1863～1957）在比利时领导了一场纯化建筑语言的运动，出版了《艺术上的处理》（Deblaiment d'Art, 1894）和《擅用石材的建筑师比擅用金属的建筑师高明吗？》（Why Should Artists Who Build Palaces in Stone Rank Any Higher Than Artists Who Build Them in Metal?, 1901）。沙利文（Louis Sullivan）在《建筑装饰》（Ornament in Architecture, 1892）中指出，"如果我们可以在一段时间内彻底地抑制使用装饰，将注意力敏锐地集中于建筑优美而清秀的造型，那将是我们审美趣味的一次重大飞跃"。

建筑既显出理性主义的手法，也兼顾了新艺术运动风格化的装饰图案。

瓦格纳的圣利奥波德教堂（1904～1907），也被称为斯泰因霍夫教堂。教堂立面上是用铝钉固定的大理石面板。

1879年
爱迪生（Edison）改进了电灯泡。新年前夜三千多人到街头看灯。现代世界开始腾飞。

1905年~1907年
赖特（Frank Lloyd Wright）设计的第一座钢筋混凝土公共建筑合一堂（Unity Temple）在芝加哥橡树公园（Oak Park）建成。

1910年
法国人克洛德（Georges Claude）改进了霓虹灯，广告标志变成了城市建筑的一部分。

1900年~1940年
赖特
一位美国天才

纽约古根海姆博物馆（始建于1946年，1959年建成）因其曲线型轮廓和内部螺旋形坡道而闻名。

至1900年工艺美术运动在英国已经衰退，但在德国和美国又持续了大约20年。赖特（Frank Lloyd Wright, 1867~1959）是美国最著名的建筑师之一，也是1897年成立的芝加哥工艺美术协会（Chicago Arts and Crafts Society）的创始成员。在独立执业以前，赖特曾为沙利文（Louis Sullivan）工作。他是一位美国的传奇英雄，但据称他狂妄自大，客户、同事和助手都很难和他相处。

赖特的早期作品基本是大型乡间别墅。他的别墅十分奢华，与他的欧洲同行钻研如何缩小房屋、建便宜的工人住宅不同。他所设计的"草原风格"（Prairie Style）住宅具有明显的横向特征：长而矮。它们通常是开放式平面，有个大壁炉，屋顶坡度扁平，飞檐悬挑于建筑外部。芝加哥的罗比住宅（Robie House, 1909）是这一系列的最后一件作品。

宾州落水山庄（1936~1937）建于树木葱郁的山坡，一条小溪蜿蜒而过。

1914年~1918年	1943年	1957年

1914年~1918年
第一次世界大战破坏了法国、比利时以及西北欧地区。人类为这次战争付出了沉重的代价。参战国的男性人口降低十分之一。

1943年
霍夫曼（Albert Hoffman）发现了一种致幻药物LSD。

1957年
宇宙航行者卫星二号（Sputnik II）由俄罗斯小狗莱卡（Laika）完成了首次"人控"太空飞行。

国际氛围

赖特早期工艺美术风格的作品引起了欧洲建筑师们的兴趣，如荷兰人贝尔拉格（Hendrik Berlage, 1856~1934）。至20世纪30年代，赖特的作品从形式到材料的创新都被看作是国际风格（International Style）的一部分。宾州贝尔兰的落水山庄（Falling Water, Bear Run, 1936~1937），由一组悬臂混凝土板组成；位于威斯康星州拉辛（Racine）的约翰逊制蜡公司大厦（Johnson Wax administration building, 1936~1939），应用了最新设计的钢筋混凝土蘑菇形柱。

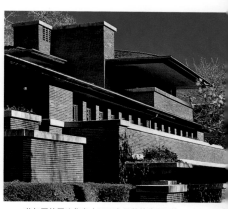

芝加哥的罗比住宅（1909）是赖特草原风格的顶点。建筑的阳台伸入花园，凸出的屋顶和房间彼此交错。这种风格极具影响力。

忙碌一生

赖特的一生是不平凡的。他是沙利文的高足，先期提出了勒柯布西耶（Le Corbusier）的许多思想，对荷兰的风格派运动也产生了巨大影响。他赞成工艺美术运动大部分的主张，但发表了《机械的工艺美术》（The Arts and Crafts of the Machine），批评莫里斯对新技术的天恶。他享年90岁，直到60岁时才登上事业的巅峰。

纽约市

赖特最有趣的建筑是纽约市古根海姆博物馆（Solomon R. Guggenheim Museum），这座建筑同他的早期作品有很大的不同：运用的表现主义外形同内部空间有着直接的联系。建筑呈倒置的圆锥形，螺旋形坡道环绕着敞开的中庭。连续的斜的地面和连续的垂直曲线墙，使参观者感到博物馆里根本没有静态的空间，感觉是在不断地移动。

墙上的名字

欧洲各国中，荷兰，特别是表现主义的阿姆斯特丹学派（Amsterdam School），最能接受赖特的建筑。威勒斯（Jan Wils）和范特霍夫（Rob Van't Hoff）直接反映了赖特的影响，而成名的建筑师贝尔拉格（H. P. Berlage, 1856~1934）和风格派活动家奥德（J. J. P. Oud, 1890~1963）则积极传播赖特的思想。赖特的设计经常出现在阿姆斯特丹学派的杂志《文德林根》（Wendingen）上，这份杂志1925年的特刊刊载了赖特的作品，而赖特本人则认为这是有关其作品的最好的专刊。

1916年
契里柯（Giorgio de Chirico, 1888～1978）创造了代表作《令人不安的文艺女神们》（The Disquieting Muses），在这幅画中他梦幻般地扭曲了古典建筑的各种元素。

1915年～1918年
荣格（Carl Jung）和艾德勒（Alfred Adler）冲出弗洛伊德（Freud）的阴影，相信生命不仅是性爱。

1921年
皮兰德娄（Luigi Pirandello）的剧《六个寻找作者的剧中人》（Six Characters in Search of an Author）上演。没人知道戏中谁是谁，什么是什么。

1909年～1919年

快，再快点
意大利的未来派

未来主义者所迷恋的速度之美。

未来主义运动（Futurist Movement）的建筑少有建成的例子，主要是通过意大利建筑师圣特利亚（Antonio Sant'Elia, 1888～1916）与他的朋友奇亚托尼（Mario Chiattone, 1891～1957）创作的数百张绘画作品表现的。

像欧洲这一代建筑师中许多人一样，圣特利亚和奇亚托尼也醉心于新技术为建筑提供的各种可能性，他们拒绝历史，以便创造出激进的新建筑。他们的绘画展示了本世纪初尚不为人知的世界：巨大的城市，多层的车道，亚述神塔（Ziggurat）式的高层建筑直指苍穹。他们所描绘的图景具有浪漫的气质，表现着乌托邦式（Utopian）的理想，并且力图使建筑师们相信，新科技的世界以高速运行，大都会景观可以是多么激动人心。

宣言

未来主义运动包括不同行当的艺术家，领袖是马里内蒂（Filippo Tommaso Marinetti, 1876～1944）。1909年，第一篇宣言发表在巴黎的《费加罗报》（Figaro）上："我们确信，世界的壮丽因一种新的美而更加丰富，那就是速度之美"。接下来的宣言更是毫不妥协地呼吁打碎旧世界，寻找整个社会都在关注的速度表现手法。1914年圣特利亚将自己的作品同新趋势小组（Nuove Tendenze group of artists）的作品一道在米兰展出，从而大大促进了未来主义宣言对建筑的影响。小组呼唤一种拒绝装饰和历史形式的建筑，"当我们看到轻快而令人骄傲的修长的梁，苗条却可模仿坚固大理石的钢筋混凝土构件……"，我们就知道这些受机械、新技术和新材料激发的灵感是美妙而有意义的。

迷人的未来主义

未来主义是20世纪艺术和建筑领域最迷人的风格之一。它包含了对艺术变革的渴望、"净化社会"的宣言，同时也引起了一些真正的混乱。它有些夸大其词，但却不容于那个时代。与电影一样，建筑在未来主义者中所占位置不高。但从我们的观点看，即使圣特利亚的空中楼阁并未真正建立起来，他的"新城市"方案也可看作是朗（Fritz Lang）的电影《大都会》（Metropolis）的前奏，也是斯科特（Ridley Scott）的电影《银翼杀手》的原型。1914年以前，未来派从未向任何势力妥协，但它的主要参与马里内蒂以及随后几乎所有该派艺术家与墨索里尼（Mussolini）和法西斯主义的结盟，既是一个坏消息，也大大降低了未来派的地位。

1922年
乔伊斯（James Joyce）的长篇小说《尤利西斯》（Ulysses）出版。意识在流动。

1927年
乔森（Al Jolson）的金嗓子出现在有声电影《爵士歌手》（The Jazz Singer）里。宣告有声电影的来临。

1932年
美国1600万人失业，失业家庭人口占美国人口的四分之一。

墙上的名字

未来主义者是本世纪初的庞克一族（punk rockers）：在很多主题上是敢言的表演艺术家，甚至有人在嗅觉上也发表过宣言。尽管几乎没有实施过，但他们在设计的任何方面——事实是当代社会生活的任何方面，都有自己的主张。巴拉（Giacomo Balla）写作了《反中性服饰》（Antineutral Clothing），主张服饰应该多变：有动感、大胆、新奇、极端、闪闪发光甚至应该用电灯泡装饰。

圣特利亚关于"新城市"最详细的描绘（1914）。摩天楼、高密度和多层交通体系成为城市规划的一个重要部分。

影响

圣特利亚和雕塑家博乔尼（Boccioni，1882~1916）于1916年被杀，未来主义似乎也随他们而去了。奇亚托尼活到了1957年，但却没有进一步创作未来主义的作品，随后的展览也没有展出相似风格的绘画。然而，未来主义的理想在意大利及其他欧美国家却有着极其重大的影响。它的形式化的影响可以在构成主义（Constructivism）和现代运动（modern movement）的理性建筑中发现踪迹，但更重要的是，未来主义成为革命者福勒（Buckminster Fuller）、皮埃诺（Renzo Piano）以及英国前卫派小组阿基格拉姆派（Archigram）所倡导的技术决定论的基础。

理性主义

理性主义是基于未来派的一种现代流派，由"七人团"（Gruppo 7）于1926年在意大利创立，创始人是塔拉哥尼（Giuseppe Terragni，1904~1943），还有菲吉尼（Figini）、伯里尼（Pollini）和皮亚森蒂尼（Piacentini）。最重要的建筑是伊弗里（Ivrea）的奥利维蒂总部（Olivetti's headquarters, 1948~1950）和米兰的珀维里教堂（Church of Madonna dei Poveri, 1952~1956）。塔拉哥尼还于1932到1936年修建了法西奥大厦（Casa del Fascio, 法西斯党地方总部）。和法西斯主义一样，理性主义也是短命的。

1908年
福特（Henry Ford）发明了大批量生产汽车的装配生产线。生产线式工作方式由此生根，那么艺术或手工艺呢？

1908年
一颗流星砸死了一群驯鹿，破坏了中西伯利亚的一大片土地，也告诉人们机器并不能解决所有的问题。

1913年
斯特拉文斯基（Stravinsky）的《春之祭》（Rite of Spring）在新落成的巴黎香榭丽舍剧院（Champs-Élysees Theatre）首次公演。

1907年～1939年
德国制造联盟
混凝土和玻璃的时代

德国制造联盟（Deutscher Werkbund）由一群志同道合的建筑师、艺术家和实业家于1907年创立。建筑师会员包括贝伦斯（Peter Behrens, 1868～1940）、格罗皮乌斯（Walter Gropius, 1883～1969）和陶特（Bruno Taut, 1880～1938），他们同莫里斯（William Morris）一样，蔑视大批量生产的货物、材料的赝品本质。但与工艺美术运动不同的是，他们接受了工业化是进步所需。所以，他们与实业家合作，改进教育和设计来提高生产标准。

贝伦斯认为，"机器时代"需要完善的工业建筑。透明机车间是体现工业美学的早期作品。

制造联盟没有独特的直观视觉形象，新产品和建筑直接运用了新的生产方法、新材料和新技术。他们每年的出版物包括手工艺、实用美术、图案设计以及绘画等各种领域的作品，并不断促进工业与艺术的结合。即便如此，对手工制造产品的需求和廉价大批量生产之间仍然存在冲突。

透明的水晶

除了混凝土，20世纪另一种令人激动的建筑材料是玻璃。最显著的进步是玻璃幕墙。由于混凝土框架体系允许楼板向外悬挑，也就使立面得以脱离结构，可以更轻、更透明。由这样大面积的光滑面创造了新奇的空间感受，从建筑内外都可以看到动人的阳光、阴影以及远处的风景。

陶特

陶特（Bruno Taut）构思的乌托邦式社会主义概念下的未来建筑，融合了一层神秘主义。他深信，只有建筑才能够使人类崇高的生命再度觉醒。陶特认为他为1914年科隆展览会设计的"玻璃阁"，仅仅是一座展览建筑。但是他运用色彩、光线和水创造的效果连后现代主义者都感到骄傲。

1916年
《每日新闻》(Daily News) 以
"英国计划击败德国——美丽的
果酱罐"(The Jam-Pot
Beautiful) 为题发表了一篇
对工艺美术展览协会会长
的采访。

1917年
当战争在欧洲正如
火如荼地进行时，
布尔什维克党人
(Bolsheviks) 掌
握了俄国政权。

1919年
墨索里尼 (Mussolini) 建
立了意大利法西斯党。他
穿上黑衬衣和滑稽的裤
子，成了一个政治人物。

透过玻璃的表现

1914年，制造联盟第一次展览在科隆举
行，其中也包括陶特的玻璃馆，他反传统
的材料使用手法后来成为现代主义建筑的
柱石。格罗皮乌斯与梅耶 (Adolf Meyer,
1881～1929) 设计的制造联盟办公楼
(Werkbund administrative offices) 的楼
梯位于一个曲线形玻璃塔中，从建筑外部
可以看到整个楼梯井，和不断变化的景观。

对新材料、新技术的兴趣也导致了研究
建筑形式和空间的潜在可能性。这种"表

格罗皮乌斯在独立执业以前，曾在贝伦斯事
务所工作过数年。他和梅耶一起设计的莱内
阿尔费尔德的示范工厂 (Fagus Factory,
1911)，是国际现代主义的原型。

转角窗

玻璃幕墙

墙上的名字

1914年的制造联盟展览会 (Werkbund
Exhibition) 是一次雄心勃勃的巡回展览，
联盟受英国工艺美术协会启发而成立，当
时拥有引以为荣的一千余成员。然而这次
展览所引起的强烈的批评几乎扼杀了它自
己。《英国住宅》(Das Englische
Haus) 的作者穆特修斯 (Hermann
Muthesius) 提出了十条主张以阐明联盟
的目标。比利时人凡德维尔德 (Henri van
de Velde) 立即回击了十条反主张。关于
要标准化还是创造性的争论，比世界大战
的时间还要长，一直到20世纪50年代还在
热烈讨论。

现主义"使得新创作的建筑特别是工业
建筑，不再以历史模式为范本。贝伦斯
(Peter Behrens) 设计的透明机车间
(AEG Turbine factory, 1908～1909) 是
对电之力量的表现。珀尔齐格 (Hans
Poelzig, 1869～1936) 设计的波兹南
(Poznan) 水塔和展览厅 (1910)，是
一座圆形的钢与砖相结合的建筑，它早已
背离了古典主义的教条。建筑手法极富主
观性，大胆而纯熟。

伯格 (Max Berg, 1870～1947) 设计
的布雷斯劳市 (Breslau，现在是波兰城
市弗罗茨瓦夫，Wroclaw) 的世纪厅
(Jahrhunderthalle, 1913)，是最富创新
精神的作品，它的穹顶直径65米，用钢筋
混凝土建成。

1911年
迪亚吉列夫（Sergei Diaghilev, 1872～1929）是个粗暴的老板，他在法国成立了俄罗斯芭蕾舞团（Ballets Russes）。

1916年~1919年
一群匈牙利人在匈牙利革命失败后逃亡维也纳，出版《今日》杂志（MA），并且献身现代艺术和建筑。

1924年
列宁（Lenin）去世，新莫斯科的设计者舒舍夫（Alexei Shchusev）建造了顶部为仿古典庙宇的金字塔形列宁墓。

1920年~1935年
红色建筑
俄罗斯的构成主义

俄罗斯的构成主义（Constructivism）尽力贴近工业化生产的思想。建筑本身都像机器一样：由工业化生产的标准构件建成，按照用途系统化地计划，甚至包括用新技术生产的小附件，如招牌标识、探路灯、投影屏和无线电天线。建筑图纸也具有机械式的感觉，使用木板印刷技术，这和当时的手工绘制水彩画图纸形成了鲜明的对照。

塔特林的第三国际纪念塔（1919）没有建成。按照设计，它横跨涅瓦河，高度超过埃菲尔铁塔，带有螺旋形结构。

欢迎进入机器世界

建筑和工业产品到了19世纪末才结合在一起。这时理论家们在争论，如果德国的（是的，又是德国）产品质量突出，将可能与世界市场竞争。但是他们首先必须改进应用美术。德国制造联盟（Deutscher Werkbund）是朝这一方向迈进的第一步。联盟1907年成立于慕尼黑，它结合了艺术家、建筑师、制造商和作家，对早期工业设计产生了巨大的影响。终于，制造联盟的观点受到影响而变得含糊，这些影响主要来自风格派（De Stijl）小组、勒柯布西耶（Le Corbusier）和包豪斯（Bauhaus）应用美术学校。工业与设计最终进入了一个新阶段。

塔特林（Vladimir Tatlin, 1885～1953）设计的"第三国际纪念塔"，意欲达到1000英尺（约300米）高，这是最广为人知的构成主义作品。它斜圆锥式、网状、对数螺旋形的金字塔式样，唤起了人们对科学的遐想：激动人心的智能机器、速度、潜在的电能。纪念塔复杂的空间可以简化成三种单纯的几何形式：立方体、角锥和圆柱面，各自按照不同的速度不同的时间间隔旋转——通过这种暴露结构的移动，说明时间的概念。非常不幸的是，

1920年~1933年
在美国，禁酒令没能阻止许多人饮酒作乐。

1921年
苏联作曲家普罗科菲耶夫（Sergei Prokofiev, 1891~1955）创作了歌剧《对三个橘子的爱情》（The Love for Three Oranges）。

1925年
爱森斯坦（Sergei Eisenstein）导演的苏联电影大片《战舰波将金号》（Battleship Potemkin）在电影界引起了一场骚动。

这座建筑从未建成。塔特林最初是一位画家，同时还是一位受到很高评价的雕塑家和剧场设计者，他总是巧妙地运用现成的主题进行创作。

梅尔尼科夫（Konstantin Melnikov, 1890~1974）是第一位获得广泛承认的俄罗斯构成主义者，他设计了1925年巴黎"现代工业装饰艺术博览会"（Exposition Internationale des Arts Décoratifs et Industriels Modernes）的俄罗斯馆（Russian pavilion）。他的作品说明什么是高度个性化的、先进的创作手法。在莫斯科鲁沙科夫工人俱乐部（Rusakov Workers' Club, 1927），他将平面设计成三角形，以适应三层不同的礼堂。顶层礼堂在立面上可以看到，它被分成了三大部分，强烈地探出建筑外部，悬挑于交通区之间并且向上翘起，外立面还包裹着玻璃幕墙。

回到俄罗斯

新出现的社会主义带来了新社会结构和机关的运行机制，促进了城市规划和公有住宅的建设研究。金茨堡（Moisei Ginzberg）设计的莫斯科的纳尔科姆芬住宅（Narkomfin housing block, 1929）有公共空间和不同大小的公寓，但后来被现代主义的方案所取代。最激进的城市规划者是米柳京（Nicolai Milyutin, 1889~1942），他尝试将城市设计成连续的直线形。新城市被组织成平行的狭长地带，合理地分隔居住区和工业区，先是铁路和工厂，然后是绿化带和公路，再后是住宅和毗邻农庄的公园。如果需要，线形规划可以沿着公路或铁路不断发展，现存城镇也可以按照这种方式重新规划。

墙上的名字

另一批画家也属于构成主义，但是不使用理性主义的手法，而似乎对抽象的思想更感兴趣。这些艺术家包括马列维奇（Kasimir Malevich）、列歇斯基（El Lissitsky）、韦斯宁兄弟（Alexander、Victor & Leonid Vesnin）。他们设计的列宁格勒真理报大楼（Leningradskaya Pravda, 1921），说明了这群艺术家的艺术观，他们机器似的浪漫美学，结合了平稳的、直线形的、几乎抽象的扁平式样。

1915年
列歇斯基（El Lissitzky）将新俄罗斯现代主义带到了西方。

1915年
建筑师奥德（J. J. P. Oud），画家范杜斯伯格（Theo van Doesburg）和制柜匠里特韦尔（Gerrit Rietveld），聚在一起讨论他们对立体主义（Cubism）的共同看法。

20世纪20年代
斯特拉文斯基（Stravinsky）、勋伯格（Schoenberg）和鲍尔托克（Bartók），都在为如何打破音乐传统上的和声和调性概念而头痛。

1910年～1920年
转向荷兰
风格派

马蒂斯（Matisse）创造了立体主义一词。

艺术领域的立体主义（Cubism），完全是一种新的"观察事物的方法"，它意味着对物体和空间的表现手法可以有别于文艺复兴时期的透视技术。科学带来知识和元素分析方法，告诉我们不一定要站在一个视点上观察客观世界。在建筑领域，具有这样的"现代"立场是一个非常重要的开端，它将视觉要素和意念从传统的解释中分离出来。

在荷兰，风格派运动（De Stijl movement）回应了阿姆斯特丹学派（Amsterdam School）优雅的雕塑般的艺术风格，只关注艺术的客观性。他们拒绝使用物体的自然形态，而是尝试由直线，三原色以及黑、白、灰组成的抽象艺术语言。蒙德里安（Piet Mondrian）是风格派的创始成员之一，他的绘画获得了普遍的承认。在建筑上，直线和平面互相穿插，提示我们建筑代表着空间的连续性而不是封闭的边界。范特霍夫（Rob van't Hoff, 1887～1979）设计的乌德勒支市海德门（Huis ter Heide, Utrecht, 1916），也清楚地显示了这些思想，他将垂直而光滑的墙面消失于挑出的屋顶平面内。

最清楚地表现风格派特征的建筑，是由里特韦尔（Gerrit Rietveld, 1888～1964）于1924年与他的客户室内设计师斯劳德夫人（Truus Schrader Schroeder）共同设计，位于乌德勒支市（Utrecht）的一座住宅。该建筑坐落于城郊的一片开阔地中，就像是一幅三维的小型蒙特里安式绘画，似一件摆设多于一座可居住的建筑。建筑使用的材料和工艺与工程无关。

1924年
美国市场上出现速冻豌豆，这都要归功于伯宰先生（Mr Clarence Birdseye）。就连食物都变得抽象。

1929年
苏联（Soviet Union）革命家的梦想破灭。托洛茨基（Trotsky）被流放。

1931年
画家蒙德里安（Piet Mondrian）与范杜斯伯格（Theo van Doesburg）都是"抽象创造"（Abstraction-Creation）艺术家小组的创始人，致力于创造反传统、没有具体形象的现代风格。

墙上的名字

在匈牙利，有一个相似的文学和艺术运动（literary and artistic movement），通过《行动》（Tett, 1915~1916）和《今日》（MA, 1916~1921）杂志，表现出与立体主义同样的艺术主张。莫尔纳（Farkas Molnar, 1897~1945）的红色立体屋（Red Cube House, 1921）是这种新思潮的早期作品。捷克的立体主义运动从1911年围绕着出版物《Umeleky Mesicnik》而展开。建筑的类型和平面布局都没有更改，只是立面上增加了尖角装饰要素，就像勃拉克和毕加索破碎的画面。霍霍尔（Josef Chochol, 1880~1956）设计的一座位于布拉格的公寓建筑（1913），就是这种风格的范例。

建筑材料既非机器制造，也非手工艺品；建筑工艺没有采用榫接头、转角模，也没有高超的浮雕。所有的东西都是为这座建筑特制的，却是任何人都可以造出来的东西。没有进口材料，没有温暖的石材，没有抛光大理石，没有造型丰富的砖艺，没有磨光的木花纹。所有的表面都被粉刷成不同的颜色。建筑形式表达清晰但却手法轻灵，各部分都是由面与线构成，表现得若隐若现，难以捉摸。建筑本身就是一种对空间的体验。

风格派运动

范杜斯伯格（Theo van Doesburg, 1883~1931）是风格派（De Stijl）艺术家的发言人。他原是一位画家，但希望能将二维的绘画扩展到空间领域。该派的基本理论是蒙德里安的新造型主义（Neo-Plasticism），这种主张是基于将三维空间分解为二维平面的数学理论，1917年他们将这一理论发表于杂志《风格》（De Stijl）的创刊号中。奥德（J. J. P. Oud, 1890~1963）是该流派中十分活跃的成员，他设计的鹿特丹单色咖啡馆（Cafe de Unie, 1924~1925），是纯粹的风格派建筑。奥德后来与范杜斯伯格的净化论原则分道扬镳，并转向了更为直接的现代主义。

乌德勒支市斯劳德宅邸（Schroeder House, 1924），染成原色的平面，无限的空间和几乎朝生暮死的建筑形制。

长方形造型

朴素的粉刷成的表面

凸出的水平板

1919年～1933年
我们的建筑是非常非常非常包豪斯的
格罗皮乌斯

包豪斯（Bauhaus）是"房屋建造"，由格罗皮乌斯（Walter Gropius, 1883～1969）于1919年接任魏玛工艺美术学校校长时命名。他的前任是德国制造联盟的始创人之一凡德维尔德（Henri van de Velde, 1863～1957），当时该校的作品明显地受到莫里斯（William Morris）的影响。不久，在格罗皮乌斯及其继任者迈耶（Hannes Meyer, 1889～1954）的指导下，学校的作品从怀旧的工艺美术风格转变到功能主义的干净线条，而包豪斯现在就是这种风格的同义词。

格罗皮乌斯为包豪斯新校舍设计的精美的悬挑阳台（1925～1926）。

包豪斯的目标是"将所有的艺术创造力集合成一个整体，统一所有的艺术学科……于新建筑"。与创作方法的改革相一致，教学的方法也进行了改革。在这里，创作是在车间（workshop）里由一个个小组集体完成的，而不像传统上由"师傅"领导的设计室（studio）或画室（atelier）完成。学校还为各个学科的学生开设了共同基础课程，如造型、色彩、材料等。教授这些课程的艺术家、画家包括：克里（Paul Klee）、康定斯基（Wassily Kandinsky）和伊顿（Johannes Itten）。后来学校还开设了工业造型设计课。

墙上的名字

格罗皮乌斯在英国期间曾与弗里（E. Maxwell Fry, 1899～1987）合作，后者因伦敦汉普斯特的太阳宫（Sun House, 1934～1935）而出名。弗里与卢拜金（Berthold Lubetkin）、科茨（Wells Coates）和阿勒普（Ove Arup）等几位现代主义建筑师一起参加了成立于1933年的"现代建筑研究小组"（MARS）。他们热衷于将欧洲的理性主义理论传入英国。该小组按照理性主义设计的直线伦敦重建方案，引起了极大的争议。

1924年

勋伯格（Schoenberg）创立了十二音体系（12-tone music）。在一次音乐会上指挥中止了演奏，并要求听众安静。

1926年

在英国，由于矿工要求改变工作时间和工资待遇而遭开除，引发了声援矿工的大罢工和游行示威。

1929年~1931年

勒柯布西耶在普瓦西建造了超现代风格的建筑：萨沃伊别墅（Villa Savoye）。

包豪斯的领袖

格罗皮乌斯（Walter Gropius）是包豪斯最重要的建筑师，也是20世纪建筑界最重要的人物之一。当学校迁往狄索（Dessau）时，他设计了新的校舍，其中车间区的设计堪称包豪斯现代主义（Bauhaus modernism）的范本：悬挑的钢筋混凝土楼板由蘑菇形柱支撑；内部空间由三层高的玻璃幕墙所包裹。

格罗皮乌斯一面探索像玻璃和混凝土这样的新材料的使用方法，一面还在发展现代主义建筑与空间构成以及社会学方面的影响。他设计的多功能剧院（Total Theatre, 1926）方案，于1930年在巴黎展出，遗憾的是它并未最终实现。按照此方案的设想，剧院可以根据演出的不同需要，将内部空间变换为幕前舞台、圆形剧场或半圆形剧院。

格罗皮乌斯关注城市居民在日益拥挤的环境下的社会需求，他设计的住宅恰当地反映了当时的情况，满足了人们对清新空

协和建筑师事务所

当纳粹于1933年掌权后，格罗皮乌斯同许多现代主义建筑师一样，离开了德国。在英国度过了一段时间后，1937年来到美国，就任哈佛大学建筑系主任。由于继续推崇协作思想，他创建了协和建筑师事务所（The Architects Collaborative），设计了许多著名的建筑，包括哈佛大学研究生中心（Harvard Graduate Centre, 1950）。格罗皮乌斯返回德国后，他们还设计了柏林国际住宅区（Berlin Interbau housing block, 1957）。

气、阳光和开放空间等的需要。结果他设计了西门子住宅区（Siemenstadt, 1929）：五层高，南北向，楼间空地有大量公园式的环境。这一方案成为很多相似住宅项目的范本。

包豪斯

这是最杰出的设计学校，20世纪20年代复兴主义的设计室，同时也是欧洲唯一传授工业造型设计的学校；在它的高峰期，学校的教授名单就像是最伟大的现代主义建筑师的名册：伊顿（Johannes Itten, 1888~1967）是色彩理论大师；克里（Paul Klee, 1879~1940）；康定斯基（Wassily Kandinsky, 1866~1944）；布鲁尔（Marcel Breuer, 1902~1981）；埃伯斯（Josef Albers, 1888~1976）和费宁格（Lionel Feininger, 1871~1956）。麦耶（Hannes Meyer）主张将学校的重点从唯美主义转向社会民生，关注"人民而非富人的需要"。

格罗皮乌斯及其同事设计的位于马萨诸塞州剑桥的哈佛大学研究生中心。

1909年	1928年	1929年

1909年
让内列（Charles-Édouard Jeanneret）在巴黎为佩雷（Perret）工作。当时酚醛塑料（Bakelite）刚刚投放市场，这是首次商业性地使用塑料，该种人造聚合物被制成电线插头。

1928年
弗莱明（Alexander Fleming, 1881~1955）意外地发现了盘尼西林（penicillin）。

1929年
华尔街（Wall Street）股市崩溃，股票市场上的财富一夜之间化为乌有。

法国普瓦西的萨沃伊别墅（1928~1930），建筑的主空间都在左侧柱子支撑的第二层中。

1887年~1965年
圣人
勒柯布西耶 1

现代主义（Modernism）并非另一种风格，也并非另一种美学；它甚至拒绝"风格"这个概念，而是提倡一种新思维。在快速发展的现代社会，建筑必须关注"机械文化"——有关逻辑、效率和目的的文化。因此，在现代建筑发展的最初阶段，它是随着建造技术和不同材料的使用经验而共同成长的。

多米诺住宅
（1914~1915）

勒柯布西耶（Le Corbusier）原名让内列（Charles Édouard Jeannert, 1887~1965），是一位异常杰出的瑞士建筑师。他曾在柏林为贝伦斯（Behrens）及在法国为佩雷（Auguste Perret）工作过，后来定居巴黎。他的早期作品全部具有格罗皮乌斯的包豪斯"风格"的现代特征：白色的平面，立体的形制。

1923年，勒柯布西耶出版了《走向新建筑》（Vers une Architecture），这本书是新建筑激昂的宣言，他使用轮船、飞机和汽车的例子支持其设计讲求逻辑性的论点。新建筑的根本是使用框架结构，用垂直的柱支撑水平的楼板。从大量实际工程中总结出的理论被归纳成"五点"：独立基础上的架空柱（pilotis）支撑房屋从地坪层升高；平屋顶可以用作屋顶花园或大露台，并成为有用途的空间；墙无需支撑上层楼板，并且可以随意安置，允许更自由（或是开放）的平面设计；长窗于两柱之间全面展开，以利于阳光和新鲜空气进入室内；立面被解放，可以独立于主结构。

CIAM

欧洲对新建筑感兴趣的建筑师于1928年走到一起，成立了国际现代建筑协会（Congrès International d'Architecture Moderne, CIAM），宣称自己的目标是"将建筑从学院派的死路上拯救出来，并将它们纳入恰当的社会经济环境之中"。起初只是创作人非正式的聚会，后成为讨论问题与传播思想和信息的中心，产生了巨大的影响。CIAM持续了约30年，后被新一代的激进分子十人小组（Team X）所取代。

1930年
约翰逊（Amy Johnson）独自从伦敦飞往澳大利亚，耗时仅19天半。

1947年
英国结束在印度的统治，印度独立。很快，勒柯布西耶（Le Corbusier）将在昌迪加尔（Chandigarh，印度旁遮普省省会）工作。

1952年
使用了七年DDT才消灭了锡兰（Ceylon，就是斯里兰卡）的疟疾蚊。

大型建筑

勒柯布西耶为大型建筑发展了一类特殊的形式结构。巴黎城市大学瑞士学生宿舍（Pavillon Suisse）、巴黎庇护所（Cité de Refuge in Paris）和莫斯科合作总社大厦（Centrosoyus）表达了共同的思想：卧室或办公室等小型空间有秩序整齐地重叠在一起大楼内，精确的计算使阳光恰当地射入室内。在建筑的底层，是宽敞、曲折而具独立造型的入口大厅和公共设施。用作社交活动的空间把主空间连接。建筑的整体就是内部各项功能的全面表达。

住宅

萨沃伊别墅（Villa Savoye, 1928~1930）与罗什宅邸（Maison La Roche, 1923）所代表的风格成为现代主义建筑的纪念碑。高耸的有两三倍高的空间，经常与普通标准楼层一起出现；传统的走廊由坡道、桥和长廊所取代。从一个空间走向另一个空间的同时，可以与建筑的主要空间起相互作用。光线戏剧性地

人民的孩子

勒柯布西耶的建筑和城市规划，很早就考虑到老百姓的生活。1904年，他遇到了加尼耶（Tony Garnier, 1869~1948），后者以工业城市（Cité Industrielle）理论而闻名，并将主要思想告诉了勒柯布西耶，于1917年公开发表，因此领先未来派城市规划至少五年。加尼耶的大型城市规划还包含了玻璃和混凝土的使用。勒柯布西耶将加尼耶的思想与人类孤独性概念结合在一起，创造了大型的居住有机体：社区。1923年，他将"形式与精神的妥善协作"思想写入《走向新建筑》一书。他所倡导的高耸的市中心、对称的布局，与今天的城市没有什么本质不同。川流不息的交通网络绕着高耸的建筑，已体现在马赛公寓大楼"居住单位"的设计。

从精心布置的窗户射入，使得所有的房间都充满阳光。室外的周围环境同室内一样，是经过精心安排和组织的建筑组成部分。这些"居住机器"具有勒柯布西耶为所有住宅建筑创造的空间丰富性和奢华感。

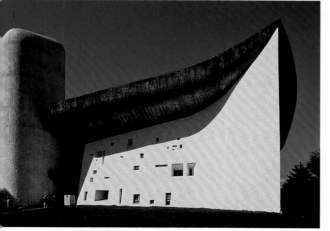

朗香教堂（The church of Notre Dame-du-Haut, Ronchamp, 1950~1954）显示了勒柯布西耶精妙的思想。

1914年

陶特（Bruno Taut）对现代建筑有着乌托邦式的观点，他对所有最新技术的使用都非常熟悉。制造联盟（Werkbund）科隆（Cologne）展览会的玻璃大厦就是由他设计的。

迟到好过无到！

建筑界的一些艺术前辈淡出之后，表现主义出现了一段短暂的低潮期。第一次世界大战前的建筑为这种新趋势而激动，而1918年后的天才们更赢得了人们的喝彩。半抽象的新艺术运动像是一座发射台，腾飞出许多艺术的创造力。先是高迪（Anton Gaudi），然后是漂亮的阿姆斯特丹建筑，再后是科林特（Klint）设计的哥本哈根格朗特维奇教堂（Gruntvig Church，1913～1926），最后是门德尔松的有个性的混凝土建筑。

1920年～1960年
表现主义
自然的几何图形

20世纪初制造联盟（Werkbund）的建筑为现代主义的发展所继承：从格罗皮乌斯（Gropius）和麦耶（Meyer）在阿尔费尔德（Alfeld an der Leine）的示范工厂到格罗皮乌斯最终转向包豪斯。然而，并非所有的建筑师都走上了这条道路。陶特（Bruno Taut，1880～1938）和珀尔奇格（Hans Poelzig，1869～1936）的表现主义思想与后来发展成国际现代主义的典雅主义并行于当时的艺术界，而后者讲究纯粹的几何图形、对称和理性布局。

柏林爱乐音乐厅（1956～1963）内景，充分展现夏隆独特的几何构图。

表现主义的标志性建筑是门德尔松（Erich Mendelsohn，1887～1953）设计的波茨坦市（Potsdam）爱因斯坦天文台（Einstein Tower，1920）。设计师像神思雕塑一样构思这座建筑：可塑的、自然的形式，曲线的、不同于任何纯

粹几何图形的造型。门德尔松被认为已经站在了制造联盟的对面。当他得知荷兰存在与其相似的流派时，门德尔松尖刻地指出，贝尔拉格（Berlage）与克拉克（Michel de Klerk）在阿姆斯特丹的建筑，是"没有客观现实的空想"，而鹿特丹的建筑则"有功能无感性"，两个极端都不能令人满意。门德尔松继续努力综合二者：将理性与功能结合成一种具表现力或活力的风格。

1921年，门德尔松设计的卢肯沃尔帽厂（Hat factory，Luckenwalde）是一个重大的转折，它有一个低而长的生产区，有波动复合坡屋顶，并列着一个光面、高挑、平屋顶的多角形立方体。门德尔松的晚期作品，开始增加使用纯粹的几何图形，但

1918年
在英国，妇女最终争取到投票权，但她们必须到30岁后才能行使这项权利。

1915年
捷克作家卡夫卡（Franz Kafka）的短篇小说《蜕变》（Metamorphosis）出版。表现主义成为时代精神。

1923年
在英国剑桥（Cambridge）的一间实验室中原子裂变成功，产生了巨大的能量。

保留了具有独特曲线的平面布局，强烈的水平线条和大量的玻璃窗。

乌托邦

夏隆（Hans Scharoun, 1893～1972）作为一位年轻的建筑师、"玻璃小组"（Glass Chain，由陶特发动14位建筑师为思想交流而创立的小组）的成员，他创造了当时最具想象力的不朽的建筑画——描述乌托邦（Utopian）梦幻般的图景。在20世纪30和40年代，夏隆的作品仅限于私人住宅。所有的建筑都显示出形式的独创性，以及与现场相符的不对称的平面布局。

在50至60年代，夏隆有机会建造一系列较大的建筑。在柏林，具有浓郁夏隆个人特色的爱乐音乐厅（Phiharmonie）和国立图书馆（National Library）两座建筑，都非常重要。没有一座建筑遵循任何既有的几何图形或任何范式，给人的感官享受登

墙上的名字

在20世纪90年代，表现主义的手法看起来十分普通。根据地盘的特殊性以及对客户和使用者更多的了解来设计建筑，变得越来越普通。威尔逊（Bolles Wilson）设计的蒙斯特尔图书馆（Munster Library）就是如此，为了不影响已有建筑的视线，他将主建筑分割；为了与周围环境相协调，他还使用了传统的建筑材料；而平面布局则按照使用人可能的移动方式进行规划。默科特（Glen Murcutt, 1936～）在澳大利亚的作品是当代另一位使用现代主义手法并兼顾特定气候、文化和传统的范例。

峰造极。建筑尊重人的重要性，无论你是在聚精会神地欣赏管弦乐，还是在图书馆里看书，你和门厅、入口、大堂等公共空间一样，都是这座建筑的一个组成部分。

门德尔松的爱因斯坦天文台（1920），具有战后阶段其早期表现主义作品的雕塑气质（其他大部分仅停留在图纸上）。

曲线形式的新混凝土美学

夏隆

20世纪30至40年代的纳粹时期，夏隆（Scharoun）的作品限于私人住宅。这些建筑显示出他对建筑与环境关系的不断思考，他总是精心设计建筑的外部空间和花园。同时，夏隆还创作了大量的绘画，蕴含其中的创意被用在后来的设计中。

1928年
口香糖初入社交界。也许福勒（Bucky Fuller）正是嚼着口香糖时想象出他的大球形穹顶。

1932年
阿尔托（Alvar Aalto）发明了曲线的夹板家具，这在他设计的1937年巴黎博览会芬兰馆中派上了用场。

1957年~1958年
国际地球物理学年（International Geophysical Year），来自许多国家的科学家共同研究地球。

1920年~1970年
放下几何图形
有机建筑

沙里宁设计的纽约肯尼迪机场TWA候机楼（1956~1962），建筑使用了自然主义的造型。

在自然界你找不到直线

"有机建筑"（organic architecture）一词，是用来概括性地描述那些不由纯粹几何形状构成、看起来好像更自然的建筑。它的根源在于19世纪晚期，当时建筑师们厌倦了无休止地抄袭其他风格，而不断探寻新的创作手法。

有机建筑同表现主义相似，强调气候、地形的特殊性对建筑与周围景观关系的决定作用。"与自然相协调"的思想已为许多现代主义建筑师所重视，例如沙利文（Sullivan）、阿尔托（Aalto）和夏隆（Scharoun）；但都仅仅是在建筑设计过程中运用了与自然相协调的手法（工程设计尽量满足业主指令、现场情况和可能的用途），而不是直接赋予建筑"自然形态"的视觉解释。

自然的和谐

哈林（Hugo Haring, 1882~1958）认为，自然世界决定了像门德尔松（Mendelsohn）这样的建筑师的趣味，他们鲜明地反对理性与引喻。大自然为所有的形式都提供了存在的空间：像灰狗那样具有流线型的高效率形式，或是像雄鹿角那样火焰般极度夸张的形式。哈林设计的杰科农场（Gerkau Farm, 1924），有谷仓和为其他牲口设计的建筑，但布置上既不依据几何图形，也不对称。

还有沙里宁（Eero Saarinen, 1910~1961）设计的位于纽约肯尼迪机场的美国环球航空公司（TWA）候机楼（1962），那自由流动的曲线就像一只飞翔的鸟。伍重（Jorn Utzon, 1918~2008）设计的悉尼歌

噢！那些波浪式的曲线！

新艺术运动（Art Nouveau）的卷曲线条，使得大部分有创意的建筑到1906年时都摆脱了直线形式。混凝土和悬挑结构的发展，巧妙地将新的艺术形式应用于建筑。内尔维（Pier Luigi Nervi, 1891~1979）的大型混凝土建筑是最棒的。他的奥尔托贝罗飞机库（Ortobello aeroplane hangars, 1936始建）采用加勒圆拱，一定会让擅长圆拱的罗马人惊呆的。他为1960年罗马奥运会建造的体育馆，恐怕用"棒"来形容是不够的。

1959年
气垫船 (hovercraft) 展出。它在陆地和水里都能走行。

1961年
柏林墙建成，这个城市分别划归东西德国。

1962年
新浪潮电影冲击银幕。这一年安东尼奥尼 (Antonioni) 的《阿文图拉》(L'Awentura) 发行。

墙上的名字

芬斯特林 (Hermann Finsterlin, 1887~1973) 没有建什么，但却是一种颇有影响力的"想象中建筑"的创造者。他发表了很多宣扬有机形式世界的观点，认为人类僵死的创造力将被宇宙重新激活。1919年，他用一张包过香肠的报纸装点一件展览品，并惊叹自己作品中体现出的趣味。表现主义的期刊《文德林根》(Wendingen) 为此还发行了特刊。他的素描看起来是那么超前于现实，为他赢得了抽象艺术理论家的美誉。

剧院 (Sydney Opera House, 始建于1957年) 则具有像壳片一样的外形。

在90年代，有机建筑一词再度流行，用来形容匈牙利设计师马科维奇 (Imre Makovec, 1935~2011) 的作品，他因在1992年塞维利亚国际博览会 (Seville Expo) 上设计的展馆而享有国际声誉。他

的建筑看上去神形兼备，通常使用木材。福尔考塞殡葬教堂 (Farkaset Mortuary Chapel) 中殿就像一只巨大动物的肋骨架；而希欧福克教堂 (Church at Siofok, 1986~1990) 的入口酷似一只猫头鹰的脸。马科维奇设计的所有建筑都有像鳄鱼皮或鱼鳞的木制墙面板。从屋顶展现出来的形状，仿佛一条底朝上的船似的，据称象征着匈牙利的原始文化。他的作品遭到了批判，主要理由是与浪漫化的匈牙利传统串通，受新资本主义政治的蛊惑，尝试击溃暗示社会主义的国际现代风格。

真是个好主意

20世纪70年代晚期，怪异的风气使疯狂的高夫 (Bruce Goff, 1904~1982) 引起了世界的注意。他设计的房屋运用了大量几何图形和特为客户定做的材料，客户也被轻率地卷入设计过程之中。高夫观察我们生活的独特方式，导致了很多奇怪的构思，如普赖斯 (Joe Price) 宅邸的斜墙，据称是为狂欢酒会时起支撑作用而特别设计的；还有，俄克拉何马州德斯宅邸 (Dace House) 的各立面上都有一个大圆桶壁柜。谢谢！高夫。

伍重设计的悉尼歌剧院的大壳片，于1973年竣工。

休闲中远眺海湾

预浇混凝土勒支撑着穹顶

穹顶都具有相同的曲率

1919年
勒柯布西耶（Le Corbusier）和艺术家奥占芳（Amédée Ozenfant）共同发表了《立体主义之后的纯粹主义宣言》（Purist Manifesto after Cubism）。

1928年
贝尔德（John Logie Baird, 1888～1946）发明了一种浏览装置，观看者在房间的一角。这种装置将变成电视。

1939年～1945年
第二次世界大战爆发，闪电战和空袭破坏了全欧洲的城市；当战争结束时，将面对无住房的压力。

1920年～1970年
居住机器
勒柯布西耶 2

勒柯布西耶的
模数。

勒柯布西耶本人深深地融入了20世纪现代主义最伟大的工程，那就是"为每个人提供住房"。这一使命具有社会性的背景，首先它缘于清除19世纪过度拥挤城市中的贫民窟，一次大战后，城市建筑开始热切地投入运作，经过二战中炸弹的破坏，甚至变成了紧迫的政治议题。这一使命还是改革建筑生产方式的一部分。在大工业生产环境中的现代主义，本身就意味着更便宜更有效率地为所有人提供住房。

房产
英国的郊区花园住宅（Garden Suburbs），19世纪70年代后期在伦敦出现，效仿被神化了的汉普斯特花园（Hampstead Garden Suburb），将住宅与公共建筑和谐地混合在一起。因战后清拆贫民窟，于是抓住机会修建高层住宅楼，安置无家可归的人们。马修（Robert Matthew）设计了可怕的罗因汉顿住宅（Roehampton Estate, 1958），紧追勒柯布西耶的风格，但却把原意搞错了。

勒柯布西耶设计的公共住宅建筑与他的独立住宅体现出相同的思想——强调空间和光线的重要性，同时也是对我们在嬗变社会中居住方式的反思。勒柯布西耶的思想集中表现在他设计的马赛（Marseilles）"居住单位"（Unité d'Habitation, 1947～1952）中。这座建筑可以容纳一个乡村小镇的全部1800位居民。它甚至被许多建筑评论家比喻成一艘远洋客轮。"居住单位"竖立在巨大的底层架空柱（pilotis）上，使周围的景观在下方延续不变。它的屋顶平台就像船的甲板，有漏斗似的烟囱和儿童泳池等。公寓都是复式的，精心组织整个建筑的宽度，

"居住单位"恰当地将平屋顶用作闲娱空间。

使阳光可以在早晚都射入房间里。"单位"内部除了公寓之外，还有商店、美发室、洗衣房和托儿所，普通小镇的所有设施一应俱全。作为一个成功的"范例"，这样的建筑在德国和法国又兴建了许多座。

1947年
福勒（Buckminster Fuller）发明了外壳承重的球形穹顶；以后的30年里，这样的穹顶修建了5万个。

1951年
密斯（Mies van der Rohe）设计了芝加哥湖滨大道（Lake Shore Drive）公寓大厦。赖特（Frank Lloyd Wright）完成了纽约州的弗里德曼宅邸（Friedman House）。

1953年
阿普拉纳尔普（Robert H. Abplanalp）发明了喷漆罐，从此在混凝土墙上涂画变得非常容易。

墙上的名字

如果不承认霍华德（Ebenezer Howard）的贡献，就不可能谈论住房供给的改进。霍华德是英国政府的工作人员，他在逗留美国一段时间后提出了"规划花园城市"（planned garden city）的概念。正是他的信念和通情达理的手法改变了英国的建筑观。尽管德国人赞赏英国房屋风格有魅力，但仍有人怀疑他们促进花园城市的思想比我们快。乔治（Lloyd George）1919年曾为此开展了一项调查，他是有些过虑了；"花园城市"一词早已被其他欧洲语言所吸收。它们是 *cité-jardins*，*Gartenstadten* 和 *Cuidad-jardin* 等等。

发展了一种"群落"式住宅楼，聚集了户外使用的空间从而促进邻里友谊。

鲍威尔（Powell）和莫亚（Moya）设计的伦敦丘吉尔花园（Churchill Gardens, 1947~1960）有一些特别优雅的板式住宅楼，紧邻泰晤士河。公寓九层高，可以由一对独立的楼梯进入，楼梯间表面包裹着玻璃，与主建筑成90度角。平屋顶的角部设有圆形露台，扶手唤起勒柯布西耶在"居住单位"中表现出的"船形"审美情趣。

雪铁汉住宅

勒柯布西耶认为，住宅设计是城镇设计的一部分，城镇设计也是住宅设计的一部分。雪铁汉住宅（Citrohan House, 1924）以两片承重墙，双倍高度的居住空间和外部双倍高度的阳台为特征。这个单元既可以用在排屋设计，也可以作为多层住宅楼里的一套复式住宅。雪铁汉住宅在1925年巴黎展览会中命名为新精神馆（Pavillon de l'Esprit Nouveau）展出。

住宅楼

许多其他的建筑师也有机会设计公共居住建筑，并且为反映社会生活的改变而发展新的居住方式。拉斯登爵士（Sir Denys Lasdun, 1914~2001）在50年代

远洋客轮风格的烟囱

游戏甲板

"居住单位"的屋际线，是一个巨大的漏斗似的烟囱，同时也是休闲区。

1900年~1913年
立体派（Cubism）、野兽派（Fauvism）、未来派（Futurism）与表现主义（Expressionism）在欧洲绘画界盛行，而印象派与综合派仍大受欢迎。

1913年
诗人阿波里奈尔（Guillaume Apollinaire, 1880~1918）主持超现实主义运动（Surrealist movement）。他总是带着宠物龙虾在巴黎的林荫大道上溜达。

1924年
包豪斯（Bauhaus）的总部迁往狄索（Dessau），在格罗皮乌斯（Gropius）的领导下，有目的集中注意力于建筑和工业造型设计。

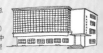

1918年~1960年
明星的诞生
密斯

"我不希望有趣，我希望优秀"，这是密斯·凡德罗（Ludwig Mies van der Rohe, 1886~1969）的名言，然而他本人却两者兼备。20世纪上半叶，密斯在欧洲和美国各地都留下了自己的作品，他设计了现代主义最受人欢迎的建筑——1929年巴塞罗那博览会的德国馆。密斯的名言"简洁就是丰富"（less is more），可以从他的建筑严谨而简洁的外表中得到清楚的印证，这些建筑用典雅和精妙的比例来形容还是远远不够的。

青铜和大理石表面　　耐热玻璃

纽约西格拉姆大厦的玻璃外墙（1954~1958）。设计人是密斯和约翰逊。大厦落成即成为新建筑的象征。

德国馆的设计，是密斯从早期风格派（De Stijl）作品运用的绘画式手法，向使用分离面与线以便弱化维护结构突出空间手法的过渡。还有，通过使用像大理石、玛瑙、玻璃以及钢材等细腻的材料，证明了建筑可以具有生命力，可以通过材料的质地表现纪念性的气质。德国馆体量不大，单层，建筑平面是简单的矩形；水平屋面板由规则坐标上的柱支撑，分割空间的元素独立于结构，墙体的布置似乎是随意的，但总是能出现在最恰当的地方。

那不是你的错……

从1930年到1933年，密斯领导了包豪斯的最后时光，并从狄索迁至柏林。尽管他非常实用主义，为了让包豪斯继续运行，有效地将学校变成了一个建筑机构，并废除了许多教育上的要求，但面对顽固的纳粹他还是失败了。纳粹认为包豪斯是"布尔什维克主义（Bolshevism）文化"的温床。不过，密斯倒是高兴地参加了纳粹建筑的竞标，并且和指挥富特旺勒（Furtwangler）、雕塑家巴拉赫（Barlach）一道，为纳粹党寻求支持。他最终离开德国前往美国的原因，仅仅是为了芝加哥一份收入很好的工作。他认为自己不是个流亡者，而是需要谋生的建筑师。他确实如此。当他不再是纳粹的支持者以后，就肯定是一个机会主义者，无论在当时还是现在看来，他都偶尔是一个没有原则的人。

1933年
库珀（Merian C. Cooper）制作电影《金刚》（King Kong），由一只超级大猩猩和女演员雷（Fay Wray）主演。

1961年
俄罗斯人加加林（Yuri Gagarin）成为第一个遨游太空的人。他在302.54千米的高空绕地球环行一周，用时90分钟。

1963年
美国总统肯尼迪（Jack Kennedy）遇刺身亡。所有15岁以上的人永不忘怀这件事发生当天身在何处。

广为传播

密斯稍后的另外两座建筑，伊利诺伊州普兰诺（Plano, Illinois）的范斯沃斯住宅（Farnsworth House, 1950）与柏林的新国家美术馆（New National Gallery, 1962~1968），说明他的设计仍然延续着相同的思想。范斯沃斯住宅将水平板的创意推向了极致。在这座单层建筑中，地坪也被柱子架起，而且高度恰好使建筑具有浮动的效果。这一效果又进一步被完全独立于主结构之外的附在柱子侧面的维护结构所增强。

柏林新国家美术馆四面都是透明的玻璃墙，使顶屋面板下方的视线不被打断。屋面板在整座建筑中占有统驭性的地位，然而看起来就像是摆放在支撑柱上一样。与地面层的明亮、轻快、宽敞、开放的感觉相反，地下层的封闭花园则是一个隔离和隐秘的空间。

柏林新国家美术馆（1962~1968）是密斯风格符合逻辑的延续。在这座建筑上工程与建筑紧密协作，使建筑看上去简单而优雅。

墙上的名字

密斯（Mies van der Rohe）的职业生涯有三个重要时刻：1927年，他组织了寓所展览会（exhibition Die Wohnung），展出了现代主义运动为社会提供住房的最新成果。1946年，诺尔社（Knoll Associates）开始推广领导欧洲潮流的家具设计。密斯将他20世纪20年代设计的全部优秀作品的生产权，都转授给诺尔。同期，摩天楼在经济上越来越合算，很多大机构投资人匆忙入市。作为社会性象征的闪闪发光的玻璃大厦，最终却成为了资本的纪念碑。

玻璃建筑

密斯最终建成了摩天楼。他与约翰逊（Philip C. Johnson）共同设计的纽约市西格拉姆大厦（Seagram Building, 1954~1958）是一座古铜色透明办公大楼，矗立于一片开阔的广场上。高质量材料和建筑细部完美，比任何精美的造型和装饰都更有说服力。芝加哥的湖滨大道公寓大厦（Lake Shore Drive apartments, 1950~1951），则成功地将同一思想运用于居住建筑。

迟迟起步

密斯没有受过建筑设计方面的训练。他的父亲是一位高明的石匠，密斯学到了不少东西。密斯在贝伦斯（Peter Behrens）建筑事务所工作以前，曾在家具设计师保罗（Bruno Paul）处当过学徒。几年以后，密斯开始了自己的事业，风格上还是相当浪漫化和新古典主义的。直到第一次世界大战后，他才活跃于现代主义运动。

1953年～1954年
英国新创造了"野性主义"（Brutalism）一词，形容管道和其他的东西被放在建筑表面的新混凝土建筑。

1954年
凯奇（John Cage）在音乐中引入简约主义（minimalism），他的作品《四分钟三十三秒》让整个音乐厅沉寂在静默状态4分33秒。

1954年
在英国，战时食品配给制结束。人们可以自由纵情于他们的食艺之中。

20世纪30年代
泰克顿小组及以后
现代主义在英国

许多颇有影响力的欧洲建筑师，在前往美国途中都曾逗留英国，并直接导致了英国现代主义的发展。格罗皮乌斯（Gropius）、布鲁尔（Breuer）、谢尔马耶夫（Chermayeff）和门德尔松（Mendelsohn）在英国期间，都留下了各自的建筑作品。

简单的椭圆形布局

高低起伏的矮墙

皇家动物学会（伦敦动物园）的企鹅湖（1935），由卢拜金和德雷克（Lindsey Drake）设计。

卢拜金（Berhold Lubetkin, 1901～1990）是俄罗斯人，1931年定居伦敦，是泰克顿小组（Tecton）的创始会员之一。该小组聚集了一批献身现代主义发展的建筑师。泰克顿最著名的建筑是伦敦动物园的企鹅湖（Penguin Pool, London Zoo）。在这里，设计师有机会运用科学的分析方法进行构思，它远远不止浪漫化地模仿企鹅的自然居住环境，更重要的是可以满足实际功能的需要。

落成的建筑成为现代主义的范本。薄薄的曲线墙划出一片包含水池的椭圆形空间，中间有两条连锁的螺旋形坡道。坡道所用的混凝土是当时最薄的，而且完全不用支撑，像是在挑战重力作用。由坡道、台阶、水池构成的连续曲线，意味着企鹅活动时可以不间断地移动。

健身

泰克顿小组还建造了一些极其重要的现代主义建筑。伦敦的芬斯伯里康体中心（Finsbury Health Centre, 1938～1939）使用壁画和一系列的建筑素描，向公众展示新鲜空气和阳光对人的益处。建筑本身带有大玻璃墙，白色曲线形显得十分活泼，好像发出号召：现在就来健身吧！

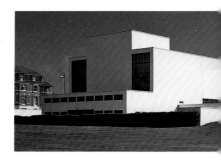

同样注重功能的两座伦敦现代主义建筑，是埃和克（Ellis & Clark）设计的舰队街每日快报大厦（Daily Express building, 1933）以及斯、莫、赖和克（Slater, Moberly, Reilly, Crabtree）设计的斯隆广场彼得·琼斯百货公司（1936）。20世纪30年代英国现代主义最经典的作品当属门德尔松和谢尔马耶夫设计的德拉瓦馆（De La Warr Pavilion, 1935），它的水平线条、立方体造型和透明的曲线楼梯并给人印象深刻。

只有较进步的英国建筑师接受了现代主义。其他人仍沉湎于新古典主义和新哥特风格。除了泰克顿小组的几座公寓建筑（Highgate, High Point I & II）完全遵循了勒柯布西耶的原则以外，建于30年代的大部分建筑，仅仅是拾取了现代主义形式方面的牙慧，如几何造型、白色墙面等等。坡度很陡的屋顶和狭小的平面布局，仍然透露出流行的哥特精神。

门德尔松和谢尔马耶夫设计的苏塞克斯郡贝克斯希尔海滨的德拉瓦馆，一定使当地居民大吃一惊。

不列颠节

1951年的不列颠节（The Festival of Britain），举办了一系列展览，并为此兴建了许多新建筑。如皇家节日会堂（Royal Festival Hall），是一座真正的现代建筑。幽暗、封闭的音乐厅由柱支撑于建筑的中部，与周围和下部连续的门廊空间相分离。皇家节日会堂是伦敦的南岸地区（South Bank）一系列与艺术有关建筑中的第一座。整个系列建筑几乎都是精品，像海沃德美术馆（Hayward Gallery, 1964，由LCC建筑师部设计）和拉斯登（Denys Lasdun）设计的国家剧院（National Theatre, 1967～1977），剧院的休息室和河岸浑然一体。同样的早期现代主义建筑，还有阿伯丁（David du R. Aberdeen）设计的国会大厦（Congress House, 1953～1960）。建筑巧妙地安排在紧凑的城内，有一个内庭院，使阳光可以进入办公室和会议室，庭院的地面就是下层会议厅透明而闪亮的屋顶。

墙上的名字

布鲁尔（Marcel Breuer, 1902～1981）从匈牙利前往美国途中，曾在英国停留了两年。他的名字仍然与其20世纪20年代掌管包豪斯木工和制柜车间时设计的钢管椅最容易联系起来。生于俄罗斯的谢尔马耶夫（Serge Chermayeff, 1900～1996），移民美国前，曾与门德尔松一起在英国工作。他1940年移民美国以后，主要从事教育工作。

1917年
当阿尔托（Aalto）11岁时，芬兰从俄罗斯的统治下获得独立。

1927年
伊拉克发现了石油，导致中东地区的大发展。

1948年
以色列国在巴勒斯坦成立。

1920年～1960年
北方的光辉
阿尔托

阿尔托（Alvar Aalto, 1898～1976）由于在1929年与布里格曼（Erik Bryggman）共同设计了托尔库700周年展览会，并且参加了国际现代建筑协会（CIAM）会议，而被广泛认可为建筑界的先锋。他用钢筋混凝土建成的帕米奥疗养院（Paimio Sanatorium, 1929），使用平坦的白色外墙和条形窗，具有杰出现代主义建筑所应有的各种优雅元素。

珊纳特塞罗镇上小小的市中心（1949~1952），是阿尔托从美国返回芬兰后设计的。

阿尔托的晚期作品看上去与众不同。像许多二战后的现代主义建筑师一样，他开始从30年代的国际现代风格（International Modernism）转向研究其他材料和场地特殊性，将建筑同周围景观联系起来。阿尔托放弃了与欧洲现代主义相关的混凝土和钢材，改用木头和砖造房屋。一方面是因为，当德国和法国大力发展钢铁工业和预制混凝土构件时，芬兰由于具有丰富的天然木材资源而推进胶合板与叠片梁的大批量生产；另一方面，严格的现代主义规则，也并不妨碍阿尔托创造一种符合芬兰本地地理条件、文化与建筑传统的风格。为1937年巴黎博览会（1937 Pairs Exposition）和1939年纽约世界交易会（1939 New York World's Fair）设计的两座展馆，树立了阿尔托的

墙上的名字

最重要的瑞典建筑师是阿斯普隆德（Gunnar Erik Asplund, 1885～1940）。他设计了斯德哥尔摩城市图书馆（Stockholm City Library, 1920～1928），斯德哥尔摩展览大厦（Stockholm Exhibition Building, 1930）等。莱韦伦茨（Sigurd Lewerentz, 1885～1975）发展了一种较不注重功能、更理想化的简约主义（minimalism），这种风格可见于斯卡尔普内克（Skarpnack, 1960）和克里潘（Klippan, 1963）的教堂建筑。

国际形象，并使他成为麻省理工学院的客座教授（1940～1948）。在那里他设计了查尔斯河畔的贝克学生宿舍（Baker

1956年
伯格曼（Ingmar Bergman）的电影《第七封印》（The Seven Seal）搬上银幕。人们欣赏到北欧人设计的现代主义作品。

1971年
袖珍计算器投入使用，最初的一个重达2.5磅。

1976年
宇宙探测器海盗一号（Viking 1）和海盗二号（Viking 2），探测在火星上生存的可能。

多才多艺

阿尔托的卷曲夹板家具（始自1932）和他的建筑一样有名。为什么？因为他使那些家具人性化。没有包豪斯钢管，非常感谢，只有绝对的真品。阿尔托还总是使用木材。那种我们常见却叫不出名字的可以叠放的三条腿小凳，也是由他于1937年首次在巴黎博览会展出。阿尔托的触觉敏锐是有名的。评论家还指出，他妻子艾诺（Aino）设计的作品也很出色，她只是忙于自己的销售企业阿泰克（Artek）的事务而受忽视。在阿尔托的建筑上，砖和木材总是紧密地混合在一起。很容易被忽略也很容易被接受，正是阿尔托的建筑作品和设计，使得北欧风格（Scandinavian style）赢得了它今天的地位。

House, 1947）。

阿尔托晚期作品中两座重要的建筑，展现了他别具一格的创造力和有个性的处理手法。他为有3000人口的新城镇珊纳特塞罗（Säynätsalo）设计了一座市政厅和图书馆（1950）。这些小型砖建筑环绕着一个开放的绿草如茵的庭院，经过一段宽敞的台阶直接通向市场。与一般将市政厅设计成壮丽的纪念碑式建筑不同，这种非正式的布局以及小得像家庭用房一样的尺度，显然是经过阿尔托深思熟虑的。珊纳特塞罗的市政厅，并非镇委员会权力的象征，而是民主的象征，是一个真正的公共场所。

伊马特拉（Imatra）的沃克森尼斯卡教堂（Vuoksenniska Church, 1952）平面布局颇具匠心，它可以根据集会的规模，用可移动的分割结构伸缩调节主殿的长度。根据这种设计，可以提供玻璃天窗采光的主屋顶被分为三个圆拱，并由周围的实墙支撑。入口和其他辅助空间集中在侧面。教堂还有一座高塔，矗立在周围的松林里。

帕米奥疗养院（1929~1933）是阿尔托这一时期众多建筑中的一座，它被认为是现代建筑的杰作。

钢筋混凝土

1912年
玻璃纸开始生产并被投放市场。

1917年
杜尚（Marcel Duchamp, 1887~1968）"发现"并签名展出了他的作品"泉"（Fountain）。那是一小便器。

1919年
格罗皮乌斯（Walter Gropius）接管魏玛工艺美术学校，并将其命名为著名的"包豪斯"（Bauhaus）。

20世纪30年代
国际风格
美国现代主义

为配合在纽约现代美术馆（Museum of Modern Art）举行的展览，《国际风格：1922年以来的建筑》（The International Style: Architecture since 1922）一书于1932年首版。该书作者是约翰逊（Philip Johnson, 1906~2005）和历史学者、评论家希契科克（Henry-Russell Hitchcock），并介绍了建筑师格罗皮乌斯（Gropius）、勒柯布西耶（Le Corbusier）、里特韦尔（Rietveld）和密斯（Mies van der Rohe）的作品。这本书为最新的欧洲建筑传入美国起了推动作用。

密斯为1929年国际博览会设计的德国馆。

《国际风格：1922年以来的建筑》一书，运用建筑实例说明该风格美学原则中的各个问题，它甚至可以被当作设计指南使用。它所列举的原则包括："（薄板围合的）空间重于实体；均衡重于对称；优雅的材料；完善的技术、良好的比例重于添附装饰"。这种风格的特征是白色平板墙，没有特别的装饰，严格的立方体形制，大面积的玻璃窗和开放的平面布局。

人民的建筑

希契科克（Henry-Russell Hitchcock）最先在美国使用"国际"一词，是为了区别这

1927年

在巴黎，路斯（Adolf Loos）为达达派（Dadaist）艺术家札拉（Tristan Tzara）设计了一座立方体形式的完全没有装饰的建筑。

1938年～1942年

奥德（J. J. P. Oud）抛弃了风格派严肃的教条，转向更玩世不恭的风格。他在海牙建造了壳形大楼。风格被昵称"混凝土洛可可"（Beton-Rococo）。

类建筑同所谓的"现代"（'Modern'）建筑或"新传统"（'the new tradition'）建筑，根据他的分析，后者仍然明显地延续了历史上的特征，也就是说，仍然注重实体和装饰，只不过进行了一些简化罢了。国际风格和建筑的历史则没有任何连续性，完全避免装饰，将重点放在空间和面的处理上，而不显实体。

国际风格一词已经被欧洲的社会主义者和共产国际（Bolshevik Internationals）使用过，他们认为建筑是形成新社会秩序的一个基础。"国际"代表了结束国家主义，扩大共同体范围的理想。这种风格通过不同的建筑形式得以发展，但基本是将建筑的功能性和社会性放在最重要的地位。在美国设计师的手中，国际风格变成了一个不关心形式以外任何东西的美学公式。然而20年后，希契科克写到，国际风格可能是"20世纪最主要的成就"。而国际风格在美国的持续发展，主要是写字楼

建筑。这种建筑形式是公司身份的一部分，同时也代表着成功的资本主义：具有讽刺意味的是，这种风格的原动力却来自对社会的关注。

墙上的名字

约翰逊（Philip Johnson）组织了1934年纽约现代美术馆机械艺术博览会（MoMA's Machine Art Exhibition, 1934），展示了现代大工业生产的产品和新材料。约翰逊第一件赢得赞誉的建筑作品是新迦南之家（New Canaan home, 1949）。受密斯的影响，这座建筑是一个有玻璃墙的立方体。约翰逊并不勉强自己遵循现代主义美学。30年后，正是他的积极支持，帮助格里夫斯（Michael Graves）赢得了俄勒冈州（Oregon）波特兰市（Portland）一座新行政大楼的竞标。而这座建筑标志着后现代主义融入了美国建筑的主流。

格罗皮乌斯设计的狄索新校舍（1926），说明现代建筑对"各部分之间有机联系"的重视。

1927年
前卫舞蹈家邓肯
（Isadora Duncan）
死于可怕的车祸，使
当时很多热爱艺术的
人感到震惊。

1925年~1935年
爵士时代
艺术装饰风格

艺术装饰风格（Art Deco）是20世纪30年代早期精密而严肃的现代主义的大众版。建筑具有相同的简化立方体形制，水平和垂直线条并列，创造戏剧化的效

纽约洛克菲勒中心无线电城音乐厅这样的建筑风格，是在许多不同的影响下形成的。

果。建筑上不同的"束"通常由阶退的形式连接。

艺术装饰风格不参与历史主义和现代主义持久的争论，而是接受新技术，包容包豪斯的原理，并且使用受机器启发的各式各样的几何图案装饰。这种风格非常流行，迅速扩展到时装、家具、图案设计以及所有大众文化可以产生影响的领域：受摩托车启发的流线型，电影中含小格和折射的画面，以及爵士音乐中的韵律。

这种风格以及它的名字都源于1925年巴黎现代工业装饰艺术博览会（Exposition des Arts Décoratifs et Industriels Modernes）。马利特－史蒂文斯（Robert Mallet-Stevens, 1886~1945）是现代艺术家联盟（the Union des Artistes Modernes）

姐妹们也在做……

有人认为艺术装饰风格女人气，因为它被引入了时装等妇女领域。20世纪20年代确是妇女解放运动的第一个阶段。欧洲的艺术学校里，许多女生因创造出了高质量的作品而成为第一流人物。她们也很善于时尚的穿戴。剪平头、扁平的胸部、修长的服饰这些不分男女的打扮，本身就是艺术装饰风格的标志。别看不惯，先将这种现象作为周围的文化接受下来，然后再衡量衡量自己吧。

的创始成员，他促进了这种风格在欧洲的传播。

在美国，包容新技术的阻力不是很大，"爵士"时代掀起了第二轮兴建摩天楼的热潮，这些建筑是那些重要而有钱的新客户——大型公司的象征。胡德（Raymond Hood, 1881~1934）设计的纽约麦格劳希尔大厦（McGraw-Hill Building, 1929）和施里夫（Shreve）、拉姆（Lamb）设计的帝国大厦（Empire State Building, 1931）是这种新风格的典型代表。最著名的是凡阿兰（William van Alen, 1882~1954）设计的克莱斯勒大厦

20世纪20年代	1929年	1933年
"Flapper"一词被用来形容20年代剪短发、行为不合传统的现代少女。	纽约现代艺术博物馆（Museum of Modern Art）开幕。	高深莫测的瑞典女影星嘉宝（Greta Garbo）主演《克里斯蒂娜王后》（Queen Christina）。

（Chrysler Building, 1929）。这座建筑向汽车致敬：闪闪发光的金属门、不锈钢镶板以及暖气罩上的怪兽装饰，它成为艺术装饰风格的标志性建筑。

洛克菲勒中心（Rockefeller Center）引入了重要的都市设计新理念。建筑从街道向后退，覆盖三个街区，办公室集中于最高的RCA大厦中。沿街的一层首次提供开放的公共空间和购物中心。无线电城音乐厅（Radio City Music Hall）是著名的罗基特舞蹈团的大

来自埃及

后埃及是艺术装饰风格的主要灵感，在美国尤其如此。如果我们看看尼罗河谷中金字塔、卢克索（Luxor）的柱式、古老墓室中丰富的镶嵌艺术品、埃及绘画的色彩，我们就可以理解这种思想。当图坦卡蒙法老（Tuhtankhamun）墓在1923年被发现，一套崭新的表演项目出现了。虽然很难指出个别来源，但美国城市很多建筑使用了这种装饰。其中有些确实是埃及的物品（大部分是装饰品），像入口大门两旁的装饰和大顶部的神话中的兽。

洛克菲勒中心摩天楼RCA大厦（现奇异大厦，GE，1934）有70层高。建筑前面是曼系普（Paul Manship）的普罗米修斯（Prometheus）雕像。

帝国大厦（1929~1931）成为曼哈顿的标志。

天线增加了建筑的高度

有特色的后退

本营，音乐厅是20世纪30年代社会富足的缩影：进口的木材胶合板、大胆的样式、反光镜子和抛光的金属工艺都在精心安排的灯光中闪烁。

墙上的名字

沃利斯与吉尔伯特事务所（Wallis, Gilbert and Partners, 1932~1938）设计的伦敦西方大道的胡佛（Hoover）工厂是艺术装饰风格工厂建筑的代表。这些工厂在20世纪20至30年代如雨后春笋股出现在英格兰南部城市的街道两侧，现在大部分已经被拆除了。古典倾向的立面、明快的色彩和带星光图案的入口，显示出一种信心：一个为新时代生产新产品的最恰当的地方。

风格点评

- 将混凝土用作造型材料；
- 混凝土的表面纹理能够反映出建造方法；
- 严肃的、不妥协的纪念形式；
- 忠实地表现建筑材料和各种装置设施。

20世纪50年代
它野蛮吗？
野性主义

"新野性主义"（New Brutalism）一词1954年在英国出现，这要归功于史密森夫妇（Alison Smithson, 1928~1993；Peter Smithson, 1923~2003）。他们和许多其他欧洲年轻建筑师一样，在老一辈成名建筑师的专业控制下难以得到工作机会。"新野性主义"可能含有戏谑之意，是表示年轻一代建筑师使用清教徒似的手法，将"明示而诚实地表现结构和材料"的现代主义原则推向极致。

混凝土：大受欢迎。

史密森夫妇设计诺福克郡的亨斯特顿中学的灵感，来自波斯的麻省理工学院。

诺福克郡（Norfolk）的亨斯特顿中学（Hunstanton School, 1949~1954），是英国最早的野性主义建筑。在这里，史密森夫妇竭力表现材料的真实性，不但暴露了建筑材料，还包括水电等装置：管道、沟渠和各种支架安装。史密森夫妇之所以能产生如此巨大的影响，除了建筑之外，还因为他们参加了国际现代建筑协会（CIAM）中的十人小组（Team X）和中立小组（Independent Group）等建筑师组织。在他们的设计中，伦敦的经济学人大厦（The Economist Building, 1964），是城中一个颇富创新精神的街区；罗宾汉花园（Robin Hood Gardens, 1972），则是基于勒柯布西耶的复式公寓以及空中街道等原则而建的公共住宅。

1957年
"垮掉的一代"（Beat Generation）有了发表的机会。凯鲁亚克（Jack Kerouac）出版了《在路上》（On the Road）。

1959年~1963年
英国建筑师斯特林（Stirling）和高恩（Gowan）以最优雅的"野蛮"方案设计莱切斯特大学工程系系馆（Department of Engineering at Leicester University）。

1962年
第一颗通讯卫星"通信星"号（Telstar）在美国发射升空，托纳多斯（Tornados）以其为名创作了一首歌曲。

欧洲野性主义

野性主义一词的另一用意，是源于法语"混凝土野性主义"（bèton brut），该词本意是未完工的混凝土。与20世纪30年代现代主义讲求规矩、潇洒的立方体形制，和利用混凝土的统一质量达到白色的机器般严谨的表面效果不同，到40年代末50年代时，建筑师们开始探索"可塑"的混凝土。在足够钢筋的加固下，混凝土可以在现场浇筑成任何造型，以不同的厚度形成曲线和坡面。而且，混凝土的表面还可以形成相当丰富的纹理，反映浇筑混凝土时使用的木制或金属模板的表面。

勒柯布西耶的许多作品就属于这一类，说明他脱离了讲求理性造型的早期现代主义。他曾经雄心勃勃地试图将整座小镇都集中在一座建筑物中，这一思想的极点——马赛（Marseilles）的"居住单位"（Unite d'Habitation）就是用混凝土实现的。建筑的基本结构包括巨大的底层架空柱，都是用混凝土在现场浇筑而成。木制模板上的木疖清晰可见，赋予了建筑表面以超现实的纹理。

简单的注重功能的楼梯

混凝土上的木纹理依稀可见

高空人行道

海沃德美术馆（1964）的外部，兼用了预制混凝土构件和现浇混凝土。

1953年
板块构造理论产生。六大板块和许多小板块灵活地拼合在一起形成了地球的外壳。火山和地震发生于板块的衔接处。

1956年
微中子（neutrino，一种无电荷、没有或很小质量的粒子）最终在太阳射线中被探测到。从1931年有人猜测出它的存在时起，物理学家们即苦苦追寻。

1958年
法国人类学家莱维－斯特劳斯（Claude Lévi-Strauss，1908～1990），写作了《结人类学》（Structural Anthropology），提出了结构主义理论。

1950年～1970年
严肃的结构主义者
有条理的规则

按照结构主义者（structuralists）的观点，现代主义运动的建筑过于冷漠、不明确、中性化，也不适合居住；而表现主义（Expressionism）或典雅主义（Formalism）却相反地过于主观化、感情化和怪异。结构主义者追求介于两者之间的"可理解的复杂性"。它为建筑师提供了一个在非层级的结构框架下，有相当复杂性的规则体系，并允许个人从中选择。

荷兰阿珀尔多伦的办公室（Centraal Beheer offices，设计人：赫茨伯格），为无论外来或内部的人都提供了相当友好的空间。

荷兰款式

赫茨伯格的阿珀尔多伦办公室（Centraal Beheer, Apeldoorn）是20世纪有重大影响力的办公室建筑之一。他把大型内部空间分割而将建筑人情化的能力，在弗雷登堡音乐中心（Vredenburg Music Centre）中表现得同样十分明显。有些评论家认为，赫茨伯格稍稍使人吃惊然而却是有意反常规地使用像混凝土块这样的世俗工业材料，完全是胡闹。但是，嗨！同一个评论家也认为，赫茨伯格的建筑是非常有意义和可取的。

结构主义的基本观点在于能够容忍一定框架下的复杂性和设计师个性的发挥。虽然这一思想已出现在其他现代主义建筑师的作品中，但是结构主义运动主要在荷兰指像凡艾克（Aldo van Eyck, 1918～1999）、赫茨伯格（Herman Hertzberger, 1932～）和布洛姆（Piet Blom, 1934～1999）等几位建筑师。在1959到1963年间，凡艾克、赫茨伯格和巴克马（Joseph Bakema）一起编辑《论坛》（Forum），是这一运动的重要喉舌。凡艾克和巴克马都是十人小组的成员，在1956年国际现代建筑协会（CIAM）中挑战了该组织的权威性和适当性。

1966年
荷兰艺术家梵高（Vincent van Gogh, 1853～1890）的一幅肖像画（Mlle Ravpoux）在伦敦佳士得拍卖行（Christie）售出，价格高达44.1万美元。

1969年
英国化学家霍奇金（Dorothy Hodgkin, 1910～1994），分析出胰岛素分子的三维结构。

1974年
美国登陆月球计划结束。科技资源转向环境研究。

鹿特丹的艺术馆（Kunsthal, 1992），广场上有一条坡道（设计者：都市建筑事务所）。

结构主义者的结构

赫茨伯格的阿珀尔多伦（Apeldoorn, 1968～1974）基于办公室是社区的设计思想，而将建筑塑造成蜂窝状结构。所有内部空间有部分封闭，仍然是整体的一部分，走在精彩的迷宫式的室内也不怕迷失方向。外部空间对于办公建筑而言非常特殊，许多小立方体堆混在一起，很像墨西哥的印第安人村庄。凡艾克的市孤儿院（Municipal Orphanage, 1958～1960），是一座小城市，有不同大小的建筑。布洛姆的亨厄洛（Hengelo）"卡斯巴"住宅计划（'Kasbah', 1965～1973）和赫尔蒙德（Helmond）的斯皮尔尤斯社区中心（Speelhuis community centre, 1975～1978），显示了结构主义在城市规划领域的发展，特点是"多簇式"建筑和自由流动的开放空间。

这是什么？

结构主义作为人文科学的一次运动，由语言学家德索热尔（Ferdinand de Saussure, 1857～1913）发起。他认为语言是一种结构，"一个意思系统"或"规则"，它的意思仅仅和它本身有关。人类学家莱维－斯特劳斯（Claude Lévi-Strauss, 1908～1990），将这种思想扩展到所有的文化过程。建筑过程之中也同样存在与历史无关的基本结构，设计就只是寻找这些基本结构的过程。

1938年
密斯（Mies van der Rohe）在芝加哥当建筑学教授，向学生灌输现代主义思想。

1948年
英国的全民健康服务（National Health Service）首次出现。

1950年
波洛克（Jackson Pollock）因他的抽象表现主义作品而出名。他将颜料乱滴在干净的墙上。

建筑越高尖细

1930年~2000年
玻璃博览会
摩天楼

高层建筑向传统建筑风格分类发起了挑战。这种类型通常具有玻璃外墙和空调设备，冷漠地站在世界各大城市里，能够引起人们短暂注意力的，就是"世界最高建筑"的头衔。从芝加哥学派（Chicago School）以及美国20世纪30年代的早期高层建筑开始，没有哪座建筑引起了像帝国大厦那样大的轰动，或是达到了密斯设计的西格拉姆大厦（Seagram Building）那样高超的建造水平。

纽约市利华大厦（Lever House, 1952）将办公室组织在玻璃幕墙长方形建筑内，底部有两层基座，这种形式曾被许多建筑模仿。这座大厦的设计师斯基德莫尔（Louis Skidmore, 1897~1962）、奥因斯（Nathaniel Owings, 1903~1984）和梅里尔（John Merrill, 1896~1975）因此树立了声誉，并合组了商业性事务所——SOM。由于SOM事务所发展了成熟的钢框架技术，他们又完成了许多项目，包括首次将多种功能集于一座大厦中的芝加哥约翰·汉考克中心（John Hancock Centre, 1970）；还有457.2米高的西尔斯大楼（Sears Tower, 1974）。

山崎实（Minoru Yamasaki, 1912~1986）设计的纽约世界贸易中心（World Trade Centre）是两座完全相同的大楼，

SOM事务所在二十多年后仍然是在兴建芝加哥约翰·汉考克中心（1970）时一样有创造力。

交叉的支撑框架外露

坚固的框架没有内部支撑

1952年
美国城市中办公大楼涌现，高耸入云。适逢美国试验第一颗氢弹。升腾的蘑菇云使人们心生疑问，这是什么？

1956年
建筑已经变得干净而活泼，而奥斯本（John Osborne）在《愤怒的回顾》（Look Back in Anger）的剧中人物，仍然坐在老式的厨房里。

1957年
凯鲁亚克（Jack Kerouac）发表了《在路上》之后，出现了"垮掉的一代"（Beat Generation），其成员被称作"beatnik"。

平面布局为正方形，比例非常优美。建筑立面非常特殊，是结构的立框，宽大而又紧密地结合在一起成为建筑的轮廓，并且奇妙地反射着阳光。两座大楼"不安"地坐落在曼哈顿岛的最边缘。可惜附近填土地上（从很深的基岩上取出的石头在岛周围搭出的一些附加的土地）充斥着平凡的后现代主义（Postmodern）建筑。

新进展

摩天楼的建设仍是技术研究中一块可以继续开垦的肥沃土地。为了在中国上海建造一座高层建筑，杨氏（Kenneth Yeang）建议降低建筑的能量消耗。由于高层建筑的外墙是封闭的，所以内部空间几乎不可避免地使用空调。然而，一个双层的立面，使建筑可以在不同的季节打开不同的部分，以便通风和调节温度。几层高、种有树木的"空中庭院"（sky courts），可以提高空气中的含氧量。这种多层立面设计，不仅是因应功能的需要和调节气候，还尝试唤醒对中国传统的回忆。

最高？不见得。

它的到来不可避免。世界上最高的建筑看起来已经由佩利（Cesar Pelli, 1926～）设计完成。位于吉隆坡的两座摩天楼，高于他的伦敦金丝雀码头243.8米高丑陋的不锈钢外壳方尖塔。这座尖塔是英国第二高建筑，也是欧洲第二高建筑。"世界最高建筑"的头衔不断变化，可能由于美国人提出了摩天楼的思想，这一头衔大都停留在美国。高达300米的埃菲尔铁塔同帝国大厦相比真是微不足道。帝国大厦也不是第一座达到381米的建筑。山崎实的世界贸易中心（411.5米）已被远远地超过了。当然，还有最高的商业中心、银行以及居住建筑等等。但摩天楼真是不可思议，即使从曼哈顿建筑的十层往上看，有些大楼仍然十分了不起。摩天楼具有神秘的魅力，从亚洲一直绵延到美国加州。

到地下去

在20世纪晚期的视野中，我们还应该谈到地下建筑的发展。到20世纪80年代中期时，已有5000个美国家庭至少部分时间居住在地下。在俄克拉何马州（Oklahoma），有27座地下学校。在土地珍贵、规划控制也非常严格的地方，有空调的地下室给人感觉还不错。英国建筑师夸姆比（Arthur Quarmby）就住在约克郡（Yorkshire）的一座地下建筑中（1975年完工）。虽然并不紧急，但随着环境的恶化，我们将会有更多的人加入穴居者行列。

山崎实设计的纽约世界贸易中心赢得广泛赞誉，两座表面光滑的大楼，可能标志着他的设计巅峰。

1966年
洪水摧毁了意大利北部：佛罗伦萨（Florence）和威尼斯（Venice）无价的艺术珍品被破坏。

1967年
文丘里（Robert Venturi）发表了《建筑的复杂性和矛盾》（Complexity and Contradiction）……脉冲星（pulsating star, or pulsars）首次被人类发现。

1968年
艰难岁月：民权改革家马丁·路德·金（Martin Luther King）在保守的美国南部推进种族平等运动时，遭暗杀。

1966年
合情合理
新理性主义

新理性主义（Neorationalism）的原则，是复兴主义理论和20世纪早期合理性和逻辑性思想的结合。美是秩序、真实与合理的自然结果，而不是巴洛克（Baroque）式的幻觉，也不是表现主义的象征。建筑作为一门科学，有它自己的自然法则。这些法则，可以通过分析那些在不断固化历史中延伸的城市，以及一系列原型建筑而得到。

这次运动基本上只有意大利和德国的建筑师参与。罗西（Aldo Rossi, 1931~1997）是主要的鼓动者，1966年，他出版了理论著作《城市建筑》（L'architettura della città），紧接着于1973年出版了《理性建筑》（Architettura razionale，与他人合著）。罗西反对为了创造"虚伪的不朽"而不断搬出历史的形式，他的设计都精心地考虑了周围的建筑环境，以创造一种新的氛围。

人生的舞台
米兰加拉列蒂斯街区（Gallaretese Quarter）的住宅，是一件有魄力的作品，立面几乎完全开放，街面、敞廊以及上方的庭院都有拱廊，使居民可以直接与毗邻的商贩打交道。在罗西设计的法尔戈诺·

翁格尔斯绘制的法兰克福贸易展览馆入口。

墙上的名字

罗西的《城市建筑》和雅各布斯（Jane Jacobs）的《美国大城市的死与生》（Death and Life of Great American Cities, 1961），都着重介绍都市空间给人的居住体验以及城市建筑差异的重要性。他们强调复原旧建筑比改建更妥当。克莱休伊也一直争取在1977年柏林的IBA工程中复原（Altbau）古建筑，在经济上和美学上都更能反映柏林人的意愿。然而非常奇怪的是，在建筑新闻中竟然没有复原工程的报道，这大概另有深意吧。

1969年
DDT不能解决农业问题，这种有毒物品在美国被禁止使用。

1971年~1976年
罗西（Aldo Rossi）设计了他的代表作莫代纳公墓（cemetery at Modena）；工程直到1980年才动工。

1973年
东西德国分裂后首次建立外交关系。

对不起，格罗皮乌斯先生……我们能说话吗？

新理性主义实际上戏弄了格罗皮乌斯。格罗皮乌斯的包豪斯思想拒绝古建筑，而着重强调个人的想象力。并不是说想象力有什么不好，但是，如果太过分就会变得滑稽可笑。1961年到1969年间，三本有影响的著作出版，作者们分别从各自的立场向格罗皮乌斯发起了挑战。其中两位是来自纽约和普林斯顿的美国人：雅各布斯（Jane Jacobs）和文丘里（Robert Venturi），还有一位是来自开罗的埃及人法吉（Hassan Fathy），他们都批评了用玻璃、钢材和混凝土建造的建筑。主要观点是彻底地否定没有人情味的高层建筑，并且提倡建筑应该有地方特色，将人（还记得吗？）与建筑的功能以及特定建筑的目的都列入考虑范围。他们的观点真奇怪。

奥拉纳小学（primary school building, Falgano Olana, 1972），还有其他的线索让我们领会设计师所说的双关语——"人生的舞台"究竟为何意。庭院的楼梯还可以作为全校师生合影的席位；大钟不但告诉我们现在的时间，还暗示着孩提时光；知识装在书籍里，书籍装在圆柱形的图书馆里，而图书馆则"装"在孩子们嬉戏的庭院中。"观众同时也是演员"，这种强调相互作用的戏剧性思想，不断地在罗西的建筑和绘画作品中出现。

在德国，新理性主义的代表人物是翁格尔斯（O. M. Ungers, 1926~2007）、克莱休伊（J. P. Kleihues, 1933~2004）、克里尔兄弟（Leon Krier, 1946~；Robert Krier, 1938~）。在克莱休伊的领导下，柏林IBA推动实现大范围城市化的思想，并为此举办了展览。展览采用了一系列经过理性分类的建筑原型，例如"街角"建筑、"街道"建筑、"入口"建筑或"都市别墅"等，将这些原型建筑组合起来，就可以描述不同类型的大型建设项目。在一个开放式街区——腓特烈大街（Friedrichstrasse）的规划中，包含了八个基于18世纪模式的都市别墅。这些"别墅"由罗西（Rossi）、格拉西（Grassi）和霍莱恩（Hollein）设计，它们实际是一些大小、造型都相同的小公寓楼。绿地以及新旧建筑都各自独立又是构成整体设想的一部分。

在威尼斯湖面上的临时漂浮（Teatro del Mondo, 1979）。罗西绘制。

1920年
赞成现代主义的东京帝国大学的学生"反叛",他们成立了日本分离派。

1923年
关东的一场地震后,只留下了赖特(Frank Lloyd Wright)的帝国大厦(Imperial Hotel)依旧巍然屹立,戏剧化地证明了钢材和混凝土有多么结实。

1952年~1955年
避孕药片出现。很快它就改变了西方妇女的生活。

20世纪50年代
日本的巨大成就
日本建筑

现代日本文化对当代西方建筑产生了巨大的影响。赖特(Frank Lloyd Wright)设计了 Juygaken 幼儿园(1921)和东京的帝国大酒店(Imperial Hotel, 1922)。陶特(Bruno Taut)也曾经论述过日本的文化和建筑。现代主义在日本的成长历程与在欧洲和北美洲相仿;作为传统建筑的替代品最早的现代主义建筑出现于20年代。到30年代时,在日本本土风格的要求下产生了一个混合体——赤裸裸的西方古典主义形式,加上模仿传统木建筑的曲线屋顶。

东京中银舱体大楼,建于1972年,显示了黑川纪章将新陈代谢理论付诸实践。

高科技派的特征

从中心塔中"长"出的科幻小说里的豆荚

舱体是建筑的关键

丹下健三(Kenzo Tange, 1913~2005)大声地批评乡愁的历史主义和乏味的国际现代主义,宣称"只有美的,才是有功能的"。他的作品使用日本传统的有象征意义的形式,加上现代的建造技术。1951年丹下成功地向主题为"热爱城市"的国际现代建筑协会(CIAM)提交他的广岛和平中心(Hiroshima Peace Centre, 1949~1956)设计,他作为现代主义运动的重要人物获得了肯定。他的后期作品,继续发展带核心区的城市体系以及组件的思想。

人太多

20世纪60年代末,我们这个残破的小星球上的一些地方,特别是美国和日本的大城市,正面临着人口过度拥挤的压力。这个问题仍然存在。然而,1968年7月美国人登陆月球,确实使绝望的人们看到了一线曙光,许多人开始幻想有足够的力量把太阳系殖民地化。是的,这是一个古老的童话(还记得50年代的泡泡糖纸吗?)。但是随着最近(1998)有关月球上发现水的报道,你可以打赌那些太空建筑师正在削尖他们的铅笔……当你在阅读本书时,他们甚至在勾勒草图了。

1958年～1961年
勒柯布西耶以前的同事前川国南（Kunio Maekawa），建造了东京市政厅（Municipal Assembly Hall in Tokyo）。这座建筑像一座高跷上的平台。

1959年
雷奈（Alain Resnais）的电影《广岛之恋》（Hiroshima Mon Amour）（制作于法国和日本），讲述了一个法国女演员爱上了日本建筑师的故事。

1966年
著名服装设计师匡特（Mary Quant）将她最著名的创作——迷你裙呈现世人。

新陈代谢主义

在丹下的领导下，新陈代谢主义小组对20世纪60和70年代早期的建筑业和建筑理论都产生了巨大影响。该小组最基本的思想，是强调公共领域和私人空间相互关系的重要性。黑川纪章（Kisho Kurokawa, 1934～2007）设计的东京中银舱体大楼（Nagakin Capsule Tower, 1972），显示了这些思想的极点和典型的未来主义风格，以及科幻小说般的构思。大楼是城市的基础结构。居住单元是批量生产的像"小豆"或"胶囊"似的方盒子，一簇簇围绕在大楼的周围。

户外活动空间

20世纪80年代一系列精彩的住宅和教堂建筑，确立了安藤忠雄（Tadeo Ando, 1941～）是一位有造诣的建筑师的地位。他拒绝新陈代谢主义，回归勒柯布西耶、康氏（Louis Kahn, 1901～1974）及早期现代主义建筑风格，并从中获得灵感。他设计的空间和形制简单而纯粹，充分考虑与周围环境的关系。他惯用的混凝土设计美观而细致。

安藤设计的东京城户崎住宅（Kidosaki House）。这位建筑师推动了日本住宅的改革。

墙上的名字

佩里安（Charlotte Perriand）在1940年时，曾接受邀请在日本就与出口商品有关的设计政策提意见。这次活动看起来不可思议的结果之一，是一件竹制的现代主义的躺椅。20世纪70年代日本建筑掌握在像矶崎新（Arata Isozaki, 1931～）和筱原一男（Kazuo Shinohara, 1925～2006）这样的建筑师手中。他们都采用新风格主义（Neo-Mannerist）抽象的后现代手法，建筑中总是出现尺度巨大的半圆形和立方体。

难以理解的新陈代谢主义

新陈代谢主义的思想中有一种奇怪的隐喻，这个给我们从子弹火车到可怕的manga连环画的国家，当然也能为我们提供未来主义的建筑。日本新陈代谢主义的基本思想，是建筑可以像蜕皮一样改变和更换。这也是为什么"中心大楼加豆荚"（tower-and-pod）建筑取得成功的原因。简朴的"豆荚"，通常一簇簇围绕在中心建筑的周围。

1972年
美国总统尼克松
（Richard Nixon）访问
了中国和俄罗斯。同一
年，他以压倒多数再次
当选总统。

1973年
美籍华裔影星李小龙
主演的功夫电影《唐
山大兄》兴起了武术
热潮。

1974年
科波拉（Francis Ford
Coppola）执导
的影片《教父
II》（Godfather
Part II）赢得了奥斯
卡最佳影片奖。

1972年~1990年
真潇洒
后现代主义

潇洒的、规则
对称的立面

似古典风格的
神来之笔

约翰逊和伯奇设计的AT&T大厦，全部对称
和统一的元素混合着从古典主义借用来的
素材。

詹克斯（Charles Jencks）在其著作《后现代建筑的语言》（Language of Postmodern Architecture, 1977）中指出，建筑师明确的任务是"使环境看起来有感情、幽默、令人激动或像一本可读的书"。达到这一理想的手段是抛弃从功能和理性中衍生出来的现代主义的一般概念。后现代主义建筑明显带有日常生活、历史和地方特色的痕迹。结果常常表现为暧昧的、适得其反的"激进折中主义"（radical eclecticism）。这一风格的秘诀是从任何时期、任何地方的建筑中拿取熟识的一部分（通常是古典主义的），然后随心所欲地重新使用。

约翰逊（Philip Johnson, 1906~）20世纪30年代曾致力于国际风格，40年后成为后现代主义的领袖。他和伯奇（John Burgee）设计的纽约美国电话电报公司大厦（AT&T Building, 1978~1983），常被引用来说明这种风格的建筑。这座现代摩天楼的主立面使用了对称的古典主义和构成。半圆形中央拱门侧面有较小的出入口。框架结构由模仿古典主

文丘里

文丘里（Robert Venturi, 1925~）通过《建筑的复杂性和矛盾性》（Complexity and Contradiction in Architecture, 1966）及合著的《拉斯维加斯的启示》（Learning from Las Vegas, 1972），为后现代主义提供了理论基础。他明确反对国际风格的纯粹与简化，主张复杂性和含糊性。对密斯提出的"简洁就是丰富"的概括，他回答"简洁令人厌倦"。他的作品规模越来越大，包括了扩建伦敦的国立美术馆（1986）。

1975年
估计4000万妇女在
服用避孕药。

1976年
南非黑人城镇反对种族
隔离的暴动扩展到全国。

1977年
英国科学家研究病毒，
发现了遗传结构。

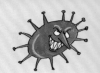

义石墙的石材伪装。建筑顶层是一个在开
玩笑似的顶部开口的大型山形墙。

可乐，可乐，真可乐

对现代主义的乏味、平淡无奇和假功能主
义的批评，在美国和欧洲越来越多，特别
是在社会住房计划产生很多问题以后，更
是如此。清晰、亲切的后现代主义，被指
望提供一种可操作的替代品。法国的博菲
利（Ricardo Bofill, 1939～）住房计划建
造的圣奎丁－耶林大厦（Les Arcades du
Lac St Quentin-en-Yvelines, 1972～
1975）和马尼－维里广场（Les Espaces
d'Abraxas Marne-La-Vallée, 1978～
1983），就使用了纪念建筑的形式，博菲
利相信这种形式可以促进亲切感和集体的
身份。建筑由混凝土建成，立面采用了经
过变异的古典雕刻主题的简化形式。

博菲利早期同西班
牙的"塔勒建筑小
组"（Taller de
Arquitectura group）
共同设计的作品，非
常有趣。巴塞罗那维
尔登路7号（Walden
Seven, 1970～1975）
是一座大型住宅建
筑：工厂式的造型，
外表好像一半刚建成，
另一半却是废墟。

由于没有规则，没
有进一步的理论，完
全依靠商业运作和商
业品位，喜好现代主
义其他分支的欧洲建
筑师们批评后现代主
义为粗俗的作品。

阿布拉克萨·马尼－维
里广场里（1978～
1983），博菲利在这座
建筑上尝试用当代的语
言表达古典的柱式。

1969年
美国人阿姆斯特朗（Neil Amstrong）成为第一个登上月球的人。这还导致铝箔和特富龙（Teflon）出现在所有厨房里。

1974年
别出心裁的巴黎蓬皮杜中心（Pompidou Centre）建成。这是一件引人谈论的作品。

20世纪80年代
国际电影界孕育艺术电影。年轻的福斯特（Foster）和罗杰斯（Rogers）可以看到黑泽明（Kurosawa）的演技派作品《七武士》（Seven Samurai）。

20世纪80年代
高科技派
罗杰斯和福斯特

看上去像机器，表面有强烈的金属光泽，有像龙门架、走道和移动机件一样的工业元素的建筑，被称为高科技派（Hi-Tech）建筑。这样的建筑，结构通常是暴露的。整体式样和造型同其他现代建筑并没有显著的不同，只是材料的颜色更丰富，甚至包括工业产品或航空产品常用的色彩。它单独强调对视觉手段的依赖，通常被认为是一种自觉的风格化。

福斯特设计的圣伯里视觉艺术中心月牙形侧翼。

高科技派建筑的范本是巴黎的国立文化艺术中心（CNAC, Centre National d'Art et Culture, 前称蓬皮杜中心，Centre Pompidou, 1974），由皮埃诺（Renzo Piano, 1937～）和罗杰斯爵士（Sir Richard Rogers, 1933～）主持设计。圆筒玻璃管形的电动扶梯，悬挑于玻璃幕墙之外，在巨大的钢结构梁之间攀升到五层。建筑内部底层很热闹，有书店、票房和临时展厅，空间一直扩展到建筑外部的广场上。上面几层则空旷。改变内部空间布局的灵活，是70年代设计师关注的一个重要方面。将所有的结构和设施管道都移到建筑外部，实现了这一设计目标：内部空间能适应任何种类的临时展览。罗杰斯构思的这种将设施管道和结构都暴露在建筑外部的模式，具有功能上的重要性。在伦敦的劳埃德大厦（Lloyds Building, 1979～1984）和第四频道办公楼（Channel 4 offices, 1990），都采用了这样的形式。

未来体系小组

卡普利茨基（Jan Kaplicky）和莱维特（Amanda Levete）组成的未来体系小组（Future Systems），在1993至1994年设计的住宅建筑只能用出格来形容。除了与邻居共有的墙体以外，全部是玻璃建造。半透明的北立面面向大街；为了采光，南侧向着花园的立面不但透明而且倾斜。材料和装饰都显得非常脆弱，铝制楼梯和瓷制地板砖使建筑轻盈。

1980年
披头士乐队〔The Beatles〕前成员列侬（John Lennon），于纽约的家门口被一个精神病患者枪杀。

1980年
"灭绝"的腔棘鱼被发现存活于海面以下600英尺（180米），完好无缺。

20世纪80年代
"雅皮士"〔Yuppies，城市少壮职业人士）变成这个赚钱的年代的标志。

孩子，请走正路

1960年，六位年轻的建筑师：库克（Peter Cook, 1936～）、赫伦（Ron Herron, 1930～1994）、韦伯（Michael Webb, 1937～）、格林（David Greene, 1937～）、乔克（Warren Chalk, 1927～1988）和克朗普顿（Dennis Crompton, 1935～）成立了阿基格拉姆小组（Archigram），意思是"图纸上的建筑"。他们鼓吹将新技术应用于建筑和室内设计。他们的作品"活着的城市"1963年首展于伦敦当代艺术学院（ICA）。小组在1970年解散之前，已革命性地改变了英国的建筑观。

另一座重要的早期高科技派建筑，是与罗杰斯同期的福斯特爵士（Sir Norman Foster, 1935～）设计的诺维奇圣伯里视觉艺术中心（Sainsbury Centre for the Visual Arts, 1977）。格里姆肖（Nicholas Grimshaw, 1939～）设计的伦敦金融时报印刷厂（Financial Times Print Works, 1988），运转中的印刷机械，都可以通过

罗杰斯设计的伦敦劳埃德大厦（1979～1984）

墙上的名字

英国"夫妻档"史密森夫妇（Alison & Peter Smithson）的作品，也应该在这里加以介绍。1956年，他们在伦敦《每日邮报》办的理想家居展览会（Ideal Home Exhibition）上展出了他们设计的未来住宅（House of the Future）。他们预言未来的住宅是大批量生产的居住单元和最先进的家居设备，包括遥控、微波等等。所有设想里最棒的一件，是不用人操纵的、可以独立行走于整个房间的静电吸尘器。

玻璃立面看到。

起源

高科技派建筑的起源，可以追溯到美国建筑师福勒（Richard Buckminster Fuller, 1895～1983）和一个叫作阿基格拉姆（Archigram）的英国建筑师小组。福勒建房不多，但他的思想在学界产生了巨大的影响。迪马克逊住宅（Dymaxion House, 1927）以及迪马克逊三轮汽车（Dymaxion Three-wheeled Auto, 1933）是他抛弃历史和美学传统，在现代背景下处理生产过程的真正尝试。他还构思了同样反传统的球形穹顶。其中最著名的一座，是1967年蒙特利尔世界交易会的美国馆。

1968年
英国政府放弃斥资5500万英镑规划位于艾塞克斯郡（Essex）斯坦斯泰德（Stansted）的伦敦第三机场，方案由福斯特（Norman Foster）设计。该预算在千禧年之前重提。

1969年
包豪斯（Bauhaus）老资格的设计师密斯（Ludwig Mies van der Rohe）去世。

1969年
一个前卫派艺术运动"大地艺术"（Land Art），用像泥土和岩石这样的自然材料制造艺术品。

1968年~1995年
后现代典雅主义
纽约五人小组

纽约五人小组（The New York Five）的作品，1969年首展于纽约现代美术馆。他们的早期作品，"白色"房屋，模仿国际风格的建筑形式，使用简单的空间和白色、平坦的表面。但欧洲建筑常用的混凝土被美国住宅"传统"的木框架和木地板所取代。

墙上的名字

斯特林（James Stirling, 1926~1994），就是后来的詹姆斯爵士。他的职业生涯让人感到十分疑惑。他的很多高科技派先锋建筑，像莱切斯特大学的工程系馆（Engineering Faculty at Leicester University），在很多方面都设计不佳；他把林昆（Runcorn）的低价住宅标上可笑的"洗衣机房"的标签，并希望以此吸引房客的注意；而在斯图加特的新国家画廊（Neue Staatsgalerie），建筑评论家们真是哭笑不得，不能确定他是否已经卖掉了自己的后现代主义。

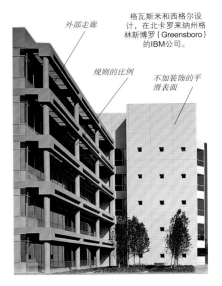

外部走廊
规则的比例
不加装饰的平滑表面

格瓦斯米和西格尔设计，在北卡罗来纳州格林斯博罗（Greensboro）的IBM公司。

吸收了意大利理性主义的成分，艾森曼（Peter Eisenman, 1932~）的早期作品迷恋形式中的含义。他不满足"建筑仅是'功能'的载体"这一思想，清楚地体现于一系列作品中，他还将自己设计的建筑像艺术品一样编号。作品第六号的弗兰克住宅（Frank House, 1972）中，有一座"楼梯"，既不能上，也不通向任何地方。格雷夫斯（Michael Graves, 1934~）对形式的关注，已经从理性主义更明显地转向后现代新历史主义，例如，俄勒冈州波特兰的公共服务大楼。

格瓦斯米（Charles Gwathmey, 1938~2009）与西格尔（Robert Siegel, 1939~）一起于1971年开始执业。格瓦斯米设计了大量的私人住宅，包括在长岛阿曼格尼塞特（Amagansett, 1965~1967）的自宅，

1973年
在越南，美国政府挂起了白旗，1月28日达成停火协议；最后一支美国军队3月29日撤离。美国首次战败。

1977年
电影《周末夜狂热》上演。着白礼服的特拉沃尔塔（John Travolta）一夜成名。

1980年
纽约五人小组（The New York Five，又称"白色"，the Whites）解散。

福斯特设计的尼姆图书与艺术馆。

SITE

包括各种学科的小组SITE（环境中的雕塑，Sculpture In The Environment），由雕塑家瓦因斯（James Wines, 1932～）创立。该小组最初的动机是脱离功能主义（functionalism）并与艺术结合。美国"百斯特"（BEST）连锁超市就是他们的著名作品，每一座建筑都故意用一种滑稽的方式分裂开。弗吉尼亚州（Virginia）里奇蒙（Richmond）的"坍堡"（Peeling Project, 1971～1972）故意让一堆砖从建筑上坍塌下来。托森（Towson）的"倾斜陈列室"（Tilt Showroom, 1976～1978），将整个立面以一个锐角从地上托起。

他还设计了像纽约哥伦比亚大学东校园（East Campus, 1981）这样的公共建筑。

五人中最多产的是迈耶（Richard Meier, 1934～）。除了大量的私人住宅和公共住宅工程之外，还完成了美因河畔如德国法兰克福应用美术博物馆（Museum of Applied Art, 1979～1980）和洛杉矶盖蒂博物馆（Getty Museum, 1984）。五人中以海杜克（John Hejduk, 1929～2000）最勇于实践新设计手法，在纽约的库珀联合学校（Cooper Union School, 1975）改建工程和柏林的IBA住房建设计划中都有所体现。

麦耶设计的密歇根州斯普林斯港的道格拉斯宅邸。

的高科技派风格。然而，他的新作品却很难分类。法国尼姆的图书与艺术馆（1993），外观上使用了与欧洲保护最完好的罗马庙宇建筑卡累尔神庙（Maison Carrée）相同的形式。斯坦斯泰德（Stansted）的伦敦第三机场（1992）采用简单的长方形平面布局，借助坡地现场的优势，将工程都集中在较低的地方。由于不需要安排各种管道和装置，简单的屋顶有树枝状柱子支撑，室内空间充满了阳光。通过透明的玻璃墙，可以看到停机坪以及飞机的起降。

欧洲

福斯特（Norman Foster）早期的建筑作品，总是追随罗杰斯（Richard Rogers）

1960年
精神病学也出现了标新立异的人。雷恩（R. D. Laing）出版了《分裂的自我》（The Divided Self），并很快出现了一大群追随者。

20世纪70年代
牙买加的雷鬼音乐（reggae music）在英国流行。代表人物之一是马利（Bob Marley）。

1989年
克里尔（Leon Krier）被指定规划多塞特郡多尔切斯特（Dorchester, Dorset）庞德伯里（Poundbury）的威尔士亲王那相当不吉利的模范村庄。

20世纪90年代
感觉如何？
感觉回应和承受力

霍普金斯爵士设计的伦敦皇家板球场有天篷的看台。

我们感知一个场所并不仅仅是视觉体验。建筑的形式虽然重要，但纹理、气味以及声音也发挥着同等或更加重要的作用。接触木材时的感觉，走过抛光木地板时的声音，这些感受的结合是我们理解一个场所的重要部分。这种对材料感官质量的关注（一种现象学上的评价而不是格式化的分类），结合着对承受力的关注以及对日渐全球化的鄙视，激发着不同的建筑去适应特殊的地理位置和气候，赋予我们另一种观察建筑的方式。

在20世纪70和80年代早期采用高科技派的霍普金斯爵士（Sir Michael Hopkins, 1935～），近期作品非常与众不同。伦敦皇家板球场的丘形看台（Mound Stand, Lords Cricket Ground, 1987），通过承重的砖柱廊牢固地与地面连接，在几层封闭空间之上，建筑再次开放于白色的轻质帆布天篷之下，看上去像雨天比赛中的很多雨伞。更新近建造的格林德伯恩歌剧院（Glyndebourne Opera House, 1994），使用砖（地方建材）和灰膏以传统的砌筑方式建成，避免了现代砖建筑的大量接头，使建筑保持了一种连续性。在内部空间，设计师将曲线抛光木夹板这样的大量用于乐器的材料，使用在座椅和栏杆上。

富克萨斯

在法国，意大利建筑师富克萨斯（Massimiliano Fuksas）的作品，也显示了对当地情况和建筑材料的重视。位于巴黎人口稠密的巴斯蒂耶（Bastille）的康迪路体育中心（Rue de Candie Sports Centre, 1994），破碎的现场被巧妙地设

1989年
柏林围墙的拆除使人欢乐。

1990年
哈勃（Hubble）太空望远镜探测到土星表面有一巨大的风暴系统。天文学家称之为"大白斑"（the Great White Spot）。

20世纪90年代
新世纪（New Age）信仰和多种健身活动成为时尚。

墙上的名字

战后，意大利为成功翻新博物馆建筑的设计师颁奖，这项工作要求对材料有相当敏感。斯卡尔帕（*Carlo Scarpa*）在维罗纳（*Verona*）对中世纪的卡斯特维奇诺（*Castelvecchio*）进行的修复工作是一个成功的例子。他熟练地配置空间，灵巧地处理光线，有创意地摆放家具，创造了一个历史与现在和谐共存的场所，使参观者经常为建筑师精妙的手法所打动。

计成一串连环形空间。建筑的主结构是清水混凝土的，在体育馆的墙面上还设计了一些假窗，让人想起城市中那些空建筑的样子。立面用镀锌板包裹，勾勒出建筑柔和的曲线，屋面是怀旧的芒萨尔屋顶（Mansard roofs）。波尔多（Bordeaux）的蒙田大学艺术馆（Maison des Arts, Michel de Montaigne University, 1997），再次使用金属，而这次是将绿色的氧化铜运用于整个立面。建筑幕墙内部的百叶窗调节着表面，它只被两条垂直的玻璃槽和一条环绕建筑的带连续窗的水平深槽所打断。

回到绘图板上

千禧年之末已近在眼前了，虽然建筑师和规划师们经常将"生活品质"（quality of life）与"生态结构"（eco-structure）等概念挂在嘴边，然而在如何界定这些概念上还没有达成一致。前者是在毫无意义地浪费时间，而后者已几乎销声匿迹了。按照这些概念，建筑师不但要集中精力处理大型的建筑设计，还要忙于应付来自其他方面的压力，例如使用可降解的建筑材料。回来，新陈代谢主义！请考虑一下：什么是"关心人的"建筑？建筑能真的"环保"吗？我们应该如何约束自己，以使得生态能保持恰当的"平衡"？我们说的又是谁的平衡呢？火箭正在点火，而我们将如何毁灭月球？

所有现代化的设备都在建筑内部

为完美的音效而设计

与现存建筑保持和谐

苏塞克斯郡的格林德伯恩歌剧院与周围安宁的环境和谐统一。

1898年
美国因西班牙突然袭击古巴，在马尼拉消灭了西班牙舰队。

1936年
西班牙国内战争爆发。佛朗哥（Franco）成为国家元首。他于1939年接管政府。

1939年
佛朗哥政府得到英国、法国和美国的承认。西班牙内战结束。

1970年～1990年
西班牙万岁
西班牙乡土风格

弗兰普顿（Kenneth Frampton）用"批判性的乡土风格"（Critical regionalism）来描述现代主义中响应不同实质和文化环境中的发展。随着再度民主化，保护古建筑的立法，1992年塞维利亚国际博览会和巴塞罗那奥运会，西班牙有机会再度通过优秀的新建筑，从文化上对欧洲产生巨大的影响。

莫内奥设计的塞维利亚机场的拱门具有摩尔式的特征。

塞维利亚国际博览会的建筑与1970年在大阪举行的那一届非常不同。大阪博览会充满了新陈代谢主义、阿基格拉姆小组（Archigram）以及充体力学结构；而塞维利亚博览会上的许多展览馆，通过特殊的材料和形式上的隐喻，强调了历史和文化的特征。除了展览会现场，塞维利亚还兴建了新机场和新火车站，前者由莫内奥（José Rafael Moneo, 1939～）设计；后者由克鲁兹（Antonio Cruz）和奥尔蒂斯（Antonio Ortiz）设计。两座建筑都使用敦实的石材、拱门以及灰陶土的颜色，让人回忆起摩尔式建筑。

巴塞罗那老工业区的建筑被创造性地翻修过。拉佩尼亚与托里斯工场（Lapena and Torres Workshops）和马特奥斯体育馆（Josep Lluis Mateos sports hall），都是在废工厂上建造的。

光荣的高迪

西班牙最著名的建筑师高迪（Antoni Gaudí, 1852～1926）的大部分作品都在巴塞罗那。高迪的名言"直线属于人，曲线属于上帝"，可能是对他的作品最好的诠释。符合他的品位，高迪采用的建筑材料和形制是独特而有创造力的；他拒绝用僵硬的几何图形限定形式，并坚持大胆而有创意地使用装饰。

高迪作品的复杂性和独特性几乎没有先例，以后也无人模仿，使历史学者很难将其与过去和未来衔接起来。在新艺术运动的大环境下，他的确是一位天才，他是唯

20世纪60年代

便宜的欧洲航线，使晒晒外国太阳对许多人而言变得现实，西班牙成为最受欢迎的目的地。

1976年

西班牙放弃以前的殖民地——撒哈拉（Sahara），这块领土被分给摩洛哥（Morocco）和毛里塔尼亚（Mauritania）。

1992年

奥运会在西班牙举行。运动员不得不同高温作斗争。

座巅峰

迪的圣家族教堂 Sagrada Familia hurch，始建于1884 ）是他的代表作，四 尖塔几乎成为一种标 ，有106.7米高，既 对地方新艺术运动的 释，也是建筑世界的 品。墙和屋顶都是很 的砖结构，主殿空间 有倾斜的柱。如果高 没有遭遇车祸，他可 会传授给那些后现代 义者一点点使用历史 材料的创造性手法。

一将那些被批评为肤浅的风格运用于三维空间的人。他的作品大量依赖手工劳动，可以同英国工艺美术运动以及西班牙浪漫现代主义相联系。高迪的作品明显受大自然的启发，又同西班牙南部摩尔式宫殿上丰富的几何浮雕有相似性。

墙上的名字

其他带有地方特色的建筑，还包括西泽（Alvaro Siza）设计的圣地亚哥当代加里西亚艺术中心（Centre for Contemporary Galician Art, 1993），普雷多克（Antoine Predock）设计的亚利桑那州立大学的尼尔森美术中心（Nelson Fine Arts Center, 1989）和莱戈雷塔（Ricardo Legoretta）设计的蒙特里当代艺术博物馆（Museum of Contemporary Art, 1992）。西泽使用花岗岩、白色大理石以及在室内使用灰浆粉刷，使建筑融入当地的建筑环境；普雷多克从当地西班牙和印第安人的传统中获得灵感；而莱戈雷塔则将传统住宅庭院规模扩大。

高迪设计的圣家族教堂（1892～1930）讲述耶稣诞生的立面。他1884年就开始为这座教堂工作，而这座建筑至今尚未完工。

— 加长的带镂空的尖塔

毫不抑制的装饰

有新有旧

西班牙建筑总是那样令人惊奇。考虑到这个国家的摩尔式影响，这里的建筑已随着经济的情况而变化。为了当地特色和旅游观光之需，他们保存了大量的古建筑，但为了标榜现代，在几英里长的沿海岸线，又兴建了大量

摩尔式传统的吸引

廉价的混凝土宾馆。然而，20世纪90年代初西班牙建筑取得了巨大的成功，特别是在塞维利亚（Seville）和巴塞罗那（Barcelona）为1992年奥运会兴建的一批建筑。其中，奥林匹克运动场本身是超现实地改建了一座1929年的结构。奥运村设计得不成功，但新城的规划较好。现在，随着泡沫的破灭，西班牙人又开始改建他们的老房子。很难说是全新的，老话出新意罢了。

1912年
简约主义者（Minimalist）一词首先出现在政治上。俄国斯革命的简约主义者享受着革命后迅速得来的民主。

1954年
卡罗（Anthony Caro）开始在圣马丁艺术学校教书。与个人无关的对艺术的崇拜，吸引了一代雕塑家。

1964年
现代艺术已经不仅仅是解释，评论家桑塔格（Susan Sontag）的论文成为知识分子聚餐会的谈资。

1960年~1997年
事物的精髓
简约主义

从杂乱中解放出来，从琐事的烦恼中解放出来，集中精力于事物的本质——形式、空间和材料各种质量的重要性。这里，美不会来自多余的装饰和烦人的润色，而是来自优雅的建筑的基本核心，真正的最简单的东西。简化和空旷是简约主义（Minimalist）建筑的特征，唤起人们对僧侣禁欲生活的回忆。

波森（John Pawson, 1949~）认为设计师的工作是"清理这无序的世界"。这种观点早在19世纪晚期已出现，只是当"消费者运动"涌现时才变得更加有力。波森在著作《最低》（Minimum, 1996）中的美丽照片，支持了这个雄辩的观点。在范例照片中有隐修院和修女院，包括勒柯布西耶设计的天主教多明我会的圣玛利亚修道院（Dominican friary of Sainte Marie-de-la-Tourette, 1957~1960）和天主教西多会罗马风式的勒梭罗内特修道院（abbey at Le Thoronet）。波森设计的马略卡岛（Majorca）诺伊恩多夫住宅（Neuendorf house, 1989）使用简单的立方体形式，并用赭石色与周围建筑环境相协调。

马略卡岛的诺伊恩多夫住宅（1989），设计人是西韦斯特林（Sivestrin）和波森。这座建筑在高温、干燥的环境中显得十分贴切。自信的造型巧妙地创造一种气氛。

纯粹和简洁

索塔德莫拉（Edouardo Souta De Moura, 1952~）为西泽（Alvaro Siza, 1933~）工作了五年，后者是葡萄牙最著名的现代建筑师，其作品结合了理性主义手法和地中海式的质朴无华。索塔德莫拉则运用简单的形式、高雅的细节以及葡萄牙建筑传统的丰富天然材料。布拉加（Braga）的市

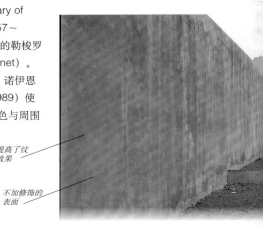

颜色提高了纹理的效果

不加修饰的表面

1969年
在当代艺术学院（ICA）副标题为"活在你脑中"的展览上，克雷格-马丁（Michael Craig-Martin）展出了命名为"四个有颠倒盖子的完全相同盒子"的展品。

20世纪70年代
简约主义（Minimalism）大流行，画和雕塑都被修剪干净，也没有任何指示。

20世纪80年代
室内设计的简约主义只产生了最小的影响，奥地利窗帘销量增加。

忠于高品质：谢克尔家具

谢克尔（Shaker）是一个教派，创建于18世纪中叶的英国。在美国达到鼎盛，特别是在20世纪40年代，谢克尔成为很著名的家具品牌，他们的产品注重功能，造型简单，通常使用成熟的木材，表面光滑，很少附件，看上去十分强健，然而又平和而大变。这种工艺背后的理念是，美在于实用，每一种"力"创造一种造型。那些紧守后现代主义（Postmodern）教条的人们，请听清楚："我们有权利为人类创造，但不是为了虚假的光荣或任何多余的东西"。继续干，兄弟姐妹们。

场建筑（1980～1984）以及奥波尔托（Oporto）的文化中心（Cultural Centre, 1981～1988），都具有简单空旷的空间和细致的天然材料。布拉加的热苏斯住宅（Bom Jesus House, 1989～1994），是索塔德莫拉的典型作品，他将"一个石头立方体……和一个混凝土立方体"简单地并列在一起。

瑞士建筑师赫尔佐格（Jacques Herzog, 1950～）和德默龙（Pierre De Meuron, 1950～）在近20年中发展了纯化论的手法，建造了各式各样的建筑。位于慕尼黑的，同迈尔（Mario Meier）共同设计的私人收藏家画廊（1991～1992），是一座简单、独立、矩形的两层建筑。建筑有创意地埋藏于地下，在地面上唯一可见的是一圈天窗。上层的天窗使夹板镶带悬起来。玻璃从不透明的到反射型的，或者干脆收起来，视乎光线和季节的不同而改变。1996年，他们中标扩建伦敦河岸电厂的塔特现代艺术馆（Tate Gallery of Modern Art, Bankside Power Station, 1955），原建筑是由斯科特爵士（Sir Giles Gilbert-Scott）设计的。

简洁的几何式造型

墙上的名字

一般认为欧洲第一位阐述简约主义美学的建筑师是奥地利人路斯（Adolf Loos, 1870～1933）。1908年，他写过很多文章和评论，包括《装饰与犯罪》（Ornament and Crime）。在这篇文章里，他痛骂历史主义，并宣称致力于装饰是一种"病态"。他个人建造了许多建筑，包括位于巴黎的达达主义者（Dadaist）扎拉（Tristan Tzara）的住宅（1926），在那里他使用了优美简洁的形式和精美的建筑材料，他巧妙地塑造空间，根本不用装饰。

1965年
高达（Jean-Luc Godard）的黑白电影《阿尔法城》（Alphaville）拒绝遵循电影界的传统，"电影就是电影——纯粹的幻觉"。

1967年
德里达（Jacques Derrida）出版了不少于三本著作，全部都是宣扬解构主义（Deconstructionism）的批评理论（除了文章没有其他作品）。

1972年
塔特艺术馆（Tate Gallery）得到了安德烈（Carl Andre）的作品《等于八》（Equivalent VIII, 1966）。那是一堆砖。他是一个艺术家。新闻界和公众全都被激怒了。

1980年~2000年
零星碎片
解构主义

按照楚米（Bernard Tschumi）在1988年伦敦第一届解构主义国际研讨会上的发言，解构主义（Deconstruction或Deconstructivism）不是一种风格，而是对

楚米的巴黎小城市公园的"建筑"，有点像早期俄罗斯构成主义的外观。

"建筑基本要素研究的一部分"，并寻找一条"中间路线"。而艾森曼（Peter Eisenman）在同一研讨会上则说，建筑师们肢解建筑仅起了说明作用，并不想挑战任何既有的概念。这一思想来自法国哲学家德里达（Jacques Derrida）的著作。

虽然对建筑师和学术界而言，"新眼光"理论已经被看作颓废的东西，但更重要的意义是为日趋平凡的后现代典雅主义（Postmodern Formalism）提供了另一种选择。而根据这种思潮设计的建筑，看上去和设想倒是很符合：完全拆卸开的、没有任何视觉逻辑的、破碎的肢解，不尝试立面和谐的构成，也不进行什么实用的考虑。对艾森曼而言，这种风格可以看作他20世纪70年代的抽象典雅主义的一种发展。在一篇关于艾森曼的辛辛那提大学（University of Cincinnati）阿罗诺

夫中心（Aronoff Centre, 1989~1996）的评论中，格瑞（Frank O. Gehry）表示了他对这种风格的轻视，"彼得的建筑最好的东西也就是他所塑造的那些愚蠢的空间了，其他的所谓'哲学'等等，就我看全是一些废话"。

精神错乱

楚米的解构主义作品，终于回到了法国故乡。他在巴黎设计了小城市公园（Parc de la Villette, 1984~1989），坐落在一个十字路口一百米见方的广场上，被现有的建筑、一些纯粹的几何多边形以及蜿蜒的小路所干扰，就像艾森曼的一样精神错

戈尔巴乔夫（Gorbachev）提出"开放"（glasnost）的观念——不是解构而是重构。

1988年
罗马尼亚（Romania）的村庄被解散，村民被强制迁往城市公寓。

1990年
曼德拉（Nelson Mandela）获释；妻子温妮被指控袭击四个黑人青年。

乱，只有"思想"，没有"功能"。

里贝斯肯德（Daniel Libeskind）的主要作品，是柏林博物馆（Berlin Museum）的扩建工程犹太博物馆（Jewish Museum, 1997）。里贝斯肯德自己指出设计走在"两条线之间"，形式和空间按照柏林城历史上德国人和犹太人的关系组织。曲折的之字形平面布局，代表着历史的连续性。当被覆盖的直线和之字形相交时，变得不可见，象征着缺失。最近，里贝斯肯德刚刚在扩建伦敦维多利亚和阿尔伯特博物馆（Victoria and Albert Museum）的工程中中标，那将同样是一件引起论战的解构主义作品。

墙上的名字

艾森曼（Peter Eisenman）认为，建筑是将我们从日常生活的自满中警醒过来的手段。他总是在建筑上加入一些尴尬和暧昧的成分，使我们张开眼睛。在作品第六号——为弗兰克夫妇（Suzanne and Richard Frank）设计的住宅中，人必须侧着身进门，下楼梯时，还得赶紧低头，饭桌上闲聊的地方却围着一个碍事的大柱子。可能一点也不奇怪，艾森曼当论道者比当建筑师更活跃。

据说，解构主义"……有一个严肃的口号，它要在人们惶惑和困惑的时候提供指路的明灯"。是，就像后现代主义一样，无论那几个字怎么写，它还是很难定义。德里达（Jacques Derrida, 1930~2004）想通过解构主义使你可以忽略特定学科的界限。现在，你可以同时谈论本质上截然不同的东西。建筑和深盘比萨饼。请看看那些结构！那些装饰！那些纹理！由于解构主义的语言是那么模糊和扭曲，你可以说一套，再暗指另一套来迷惑别人。很好，不知何故这种迷惑人的事被叫作"论述"，大概是想展示一下处理这个问题所需知识的广度吧。公平地说，如果使用妥当，自由的移动，不寻常的连接是十分有趣的，但是请不要高谈阔论，好吗？不要再迷惑人，请将铲子称作铲子，拜托了。

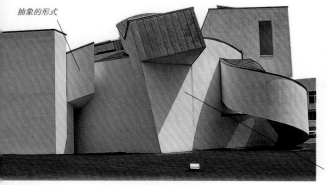

抽象的形式

格瑞的维特拉（Vitra）博物馆，白色抹灰墙面与包裹着钛、锌板的屋顶形成鲜明对照。

各组分间不讲究整体的和谐

1982年
IBM将世界第一台激光打印机投放市场，它使得信息传递（较为）安静而快捷。

1985年
英国南极考察站观测到臭氧层有一个洞，解释了为什么男建筑师都不再穿西装打领带。

1989年
发射升空的伽利略号（Galileo）太空探测器，将发回第一批小行星的照片（1991）。大多数建筑史学家不能确定什么是小行星。

1990年~现在
电子世界的建筑
虚拟世界

电子空间（cyberspace）或虚拟空间（virtual space），是由我们的计算机创造出来的，它能存在于任何地方，没有实质或文化的边界。本尼迪克特（Michael Benedict）在《电子世界：第一阶段》（Cyberspace: First Steps, 1991）中说，我们梦想和求索的"意识境界"可以被具体化成任何我们想要的样子。通过合适的软件以及一些键盘技巧，我们可以逃避这"现实"世界，登陆多媒体的空间。很难想象，在那个世界里有形的感官体验被思考所取代，在那个世界里身体是多余之物。

> ### 墙上的名字
>
> "我创造概念性的建筑……在我们的事务所里，我们首先不是画图纸，接受任务的头两个星期里，我们只是讨论……如果我们可以用语言表达清楚什么是我们想要做的，那么建筑实际上就已经设计完成了……另一方面，……我最厌倦的事情就是过多地空谈建筑，因为语言和建筑之间只有非常松散的关系。你必须忘记语言，因为建筑会以别的方法表达。"——努维尔（Jean Nouvel）1993年

讽刺的是，依赖计算机辅助设计的新一代建筑，却高度发展了实质的感觉。格瑞（Frank O. Gehry, 1929~）设计的西班牙毕尔巴鄂（Bilbao）新古根海姆博物馆（Guggenheim Museum, 1997），通过计算机技术创造出如此超现实的空间，如此梦一般的情景成为"真实"。如果没有建筑的范例，格瑞的建筑是很难被描述清楚的。用镀钛板包裹的闪

1988年
建筑学遇上了物理学，使用了建筑名词"福勒林"（fullerene）或者"布克球"（buckyball）为一粒碳分子命名，都是因建筑师福勒（R. Buckminster Fuller）的网格球顶。

1997年
小羊多莉（Dolly）被复制出来。有些人惊呼，不知羊复制后是否会变成狼。

2000年
在伦敦格林尼治，罗杰斯勋爵（Lord Rogers）监督引起很多争论的千年穹顶（Millennium Dome）的揭幕；里面会是什么呢？

闪发光的金属表面矗立在河岸，不由得使人将其比喻成一艘巨大的远洋客轮。

格瑞在设计这座博物馆建筑时，避开了基于文艺复兴纯粹几何图形的普通软件，使用了航空业中基于表面设计的软件。便宜的大量复制的机械制造技术也被电子技术所取代，用上激光测量和切割装置，每一块材料的尺寸都由计算机处理，这种一次性的生产和大批量生产一样的经济。建筑内部有合理安排的大小不同的画廊，能够容纳不同艺术家的作品，这些画廊都与一个通顶高的中心枢纽大厅相连。

毕尔巴鄂的这座建筑，通过电子技术和立体主义的方式，将建筑的形式分解成最基本的要素，实现了现代主义建筑反历史的、强调功能的目标。它全面地奉献了主观的身体体验：开放的空间，模糊的边界以及出人意料的场所。

格瑞设计的毕尔巴鄂新古根海姆博物馆，有超现实的一次性。

关心自己

回到未来。不断进步的计算机制图技术、信息技术（网络）以及人工智能（在你读此书时将变得更好），是否会使我们对真实居住环境的需要降低到第二位？我们真诚地希望不要这样，否则那些白色的盒子又要重新流行了。这些技术可能唤起的一个概念是"一次性"的建筑。很多年前，莫里斯（William Morris）是手艺人中的佼佼者，他的主张将获得新的支持者——建筑师和厂商们，可以通过使用由计算机修改的任何基础模板，来按照客户的订单设计和制造。欢迎进入你自己独一无二的家，所有的东西都是专门制造的。为什么还要活在别人的概念中呢？

看上去像电脑游戏场景

未来体系小组的卡普利茨基（Kaplicky）设计的伦敦金丝雀码头的人行桥。

八大建筑

为历史上最伟大的建筑列一张清单是件不可能完成的工作。但以最新的建筑学术为题，茶余饭后玩一玩也无伤大雅。这里选出的八座建筑至少可以成为谈论的好基础。

罗马万神庙（The Pantheon, Rome, 公元120年）

哈德良（Hadrian）

这座巨大的圆形建筑，直径有43米，高度也是43米，是一件令人惊奇的作品。建筑非常简单，墙支撑着巨大的穹顶，并且在壁龛周围曲曲折折，形成了扶垛的效果，建筑内部的起拱线（spring line）比外侧整整低三分之一。混凝土穹顶做成花格形，以减轻重量。设计十分巧妙，虽然空旷的内部空间仅由穹顶顶部的圆形开口提供照明，仍然产生了建筑中最戏剧化的体验之一。

罗马万神庙集合了简单的线条和不朽的气势。

布拉格圣心教堂（Church of the Sacred Heart, Prague, 1928～1933）

普莱尼克（Joze Plecnik, 1872～1957）

建筑具有优雅而简洁的形制，巴西利卡（basilican）式的长方形房屋带有天窗，形成了主殿空间，西侧有一座简单的与建筑等宽的塔楼。在圆形玻璃大钟表后面，一条长长的、曲折的慢坡道通向塔顶的大钟。简单的形制通过风格化的古典装饰母题加以润色。大面积无窗的墙面斜倚在那里，装饰着扭动视线的凸出的砖块，就好像根本不属于内部空间。普莱尼克曾在维也纳向瓦格纳（Wagner）求教，他最著名的作品大部分都在前南斯拉夫斯洛文尼亚（Slovenia）的卢布尔雅那市（Ljubljana），那里民族主义的文化，喜好其建筑的地方精神。

伦敦摄政公园皇家医学院（Royal College of Physicians, Regents Park, London, 1960）

拉斯登（Denys Lasdun, 1914～2001）

皇家医学院是现代建筑的一个典范。建筑中不同用途的空间能够通过不同的结构和材料区分出来。深蓝色泥土砖被用于低于地面的会议室、部分地坪和公园等公共空间。修长柱子的顶部有一条细长的白色板环绕着图书馆等学校的固定功能区。只有建筑最角部的窗缝可以穿过公园看到建筑外部。建筑的中心部分比较空旷，远离人流穿行的楼梯，只有与专业有关的人员才可正式使用。

维也纳穆勒宅邸（Müller House, Vienna, 1930）

路斯（Adolf Loos, 1870～1933）

看到维也纳的穆勒宅邸严肃的直线型立方体外观，根本让人想象不到，它的内部空间竟是那样吸引人。室内私密的空间彼此相互连接，看上去像从一个实心体中雕塑出来的一样。路斯广泛的论著和他的建筑作品一样重要；他最主要的评论《装饰与犯罪》（Ornament and Crime）发表于1908年，是建筑领域最有影响的著作之一。

纽约市惠特尼美国艺术博物馆（Whitney Museum of American Art, New York, 1963～1966）

布鲁尔（Marcel Breuer, 1902～1981）

离开了他的祖国匈牙利，布鲁尔成为包豪斯（Bauhaus）的第一代学生。他从绘画转向家具，曾接管了包豪斯的家具系并最终转向了建筑。布鲁尔在英国为约克（F. R. S. York）工作了一段时间后来到柏林，不久即追随格罗皮乌斯（Gropius）到哈佛大学任教，并被聘为副教授。惠特尼博物馆（Whitney）个性鲜明、材料丰富的纹理，是典型的布鲁尔式建筑。

得克萨斯州福特沃思市金贝尔艺术馆（Kimbell Art Museum, Fort Worth, Texas, 1966～1972）

康氏（Louis Kahn, 1901～1974）

金贝尔艺术馆由一系列宏伟的大拱组成，这一建筑"实现了康氏伟大的梦想——统一的光线和结构来塑造空间"。他还用一系列小型的露天庭院打散排列整齐的拱。康氏的作品出类拔萃，也有人将他归为野性主义（Brutalism），主要是由于他在建筑上使用了清水材料、布局安排粗犷、强调纪念效果以及处理自然光线的手法熟练。他的作品也可以和新理性主义（neo-rationalist）联系在一起，因为有共同的形式要素和原型。

纽约市福特基金会大厦（Ford Foundation Offices, New York, 1963～1968）

罗奇（Kevin Roche, 1922～）和丁克鲁（John Dinkeloo, 1918～1981）

他们两位都曾为沙里宁（Eero Saarinen）工作，并在沙里宁1961年去世后接管了事务所。福特基金会大厦通过锈蚀的高强度低合金钢、粉红色花岗岩、精美的金丝工艺气窗、栏杆以及亚光的黄铜，使建筑富于触觉。建筑入口在纽约市第42街的带屋顶的庭院，是一块种植着稠密植物的绿洲。

朗香教堂（Notre Dame-du-haut, Ronchamp, 1950～1954）

勒柯布西耶（Le Corbusier, 1887～1965）

朗香教堂，一座位于特定位置、按照特殊计划兴建的独特建筑，显示了勒柯布西耶从早期作品中精炼出来的思想。强调功能的布局结合了雕塑般的曲线混凝土工艺，塑造了勒柯布西耶最美的空间。

朗香教堂是勒柯布西耶后期的风格，混凝土屋顶和塔楼间的广阔曲线设计意味深长。

技术词汇

选择有用的词汇帮助你解除迷惑

小神龛（Aedicule）
有时称为壁龛（tabernacle）。由古典柱和柱楣包围的，墙壁上的凹陷区域或窗户。

回廊（Ambulatories）
在祭坛之后的过道或走廊，环绕着教堂的东端。

后殿（Apse）
教堂或礼拜堂的一端，通常为半圆形。

原型（Archeforms）
意思是最初的模型；重要的或基础性的形式。

巴洛克（Baroque）
文艺复兴晚期建筑，从意大利开始（17世纪），以不顾古典语言或柱式为特征。华丽而有活力。本词来源于首饰业，Baroco 一词指粗糙未经加工的石头。

浅浮雕（Bas-reliefs）
在平坦的底子上较浅的浮雕。

盥洗室（Cabinet）
法语，字面意思是壁橱或小房间。通常用作 le cabinet de toilettes，即厕所。

女像柱（Caryatid）
女性形象的柱子。

教堂半圆形后殿（Chevet）
典型的法国哥特式教堂中，带回廊和放射状礼拜堂的后殿。

楼座（Clerestory）
教堂中部的上层，高于走廊屋顶的部分，有窗。常用于描述位置高的窗。

藻井（Coffer）
拱门的拱腹、穹顶、拱形屋顶或天花板下方凹进的方形或其他几何图形。

克隆尼柱（Colonettes）
小柱，可以用在窗边。

牛腿（Consols）
用于支撑檐口或类似结构重量带装饰的托架。当位于门口时，通常又被称作肘托（ancones）。

内院（Cortile）
内部的庭院，通常由柱廊环绕。

围廊（Enceinte）
一个军事词汇，用于要塞或城堡，被围墙或沟渠包围起来的空地；围墙。

楣构（Entablature）
构成古典柱式的顶部，即挑檐、雕带和过梁三部分。

表现主义（Expressionist）
不抄袭过去风格的建筑形式，在满足功能性的需要之以外另有追求；描述或表现其他素质的建筑。

尖顶塔（Flèche）
竖立在屋顶上的瘦尖塔，通常是木制的。

网格球顶（Geodesic）
用六角形构件搭建的穹顶。

悬臂托梁（Hammer Beam）
屋顶木梁，横跨在没有连系梁的空间。

敞廊（Loggia）
一侧或多侧开敞的房间，一般有柱，或是凹陷于立面内部的开放阳台。

风格主义（Mannerist）
用于推翻了古典主义规则的文艺复兴建筑。

三槽板（Metope）
多立克柱式楣构两条竖线花纹之间的区域，可以有浮雕也可以无装饰的。

喷泉广场（Nymphaeum）
有人造喷泉、花木和雕像的休憩场所——仙女们的圣殿。

凸肚窗（Oriel Window）
凸出于立面之外的窗，用石材支撑。在现代家庭住宅中的凸窗。

山花（Pediment）
在古典建筑中，楣构以上带倾斜檐口的三角形墙。在文艺复兴建筑中，则包括同样的三角形构件，或者在屋顶上、窗上、门廊上的半圆形的、檐口不封闭的山花。在哥特式建筑中的山形墙。

主楼层（Piano Nobile）
被地下室抬高的建筑底层或第一层，是建筑的主要楼层，它的层高通常比其他的高一些。

壁柱（Pilasters）
从墙面凸出的矩形，就像嵌在墙里的柱。

架空柱（Pilotis）
建筑底层支撑上部结构的柱。

气囊（Pneumatic）
由空气支撑的轻体结构。

门廊（Portico）
入口大厅、前厅或门廊，屋顶至少一面由柱支撑，而通常则三面都是。

隅石（Quoins）
法语意为角部。通常指建筑外墙角部相交处的经过装饰的石头。

祭坛背壁（Reredos）
祭坛背后的装饰屏，一般是木制雕刻饰品。

高坛后堂区（Retrochoir）
重要的教堂中祭坛后的区域。

粗面石工（Rustication）
表面有粗糙纹理，较深接头的大石块，通常用在文艺复兴建筑的较低的几层。有时这样的石块也会用在柱上，还可以用灰膏伪装。

瑟利安窗（Serlian Window）
帕拉第奥建筑上的一个关键构件，更常被叫作帕拉第奥或威尼斯（Venetian）窗。一个窗（有时是拱门）有中拱，两旁还开了方形侧窗。

横梁结构（Trabeated）
希腊建筑中使用的由梁和柱组成的结构，相对于使用拱的弧形结构。

三联浅槽饰（Triglyphs）
多立克楣构上分割三槽板的部分。两条称作竖沟（glyph）的垂直槽在中部，半竖沟（half glyph）在边缘。没有半竖沟时称作单联浅槽饰（diglyph）。

螺旋饰（Volutes）
爱奥尼柱式上的螺旋形卷形装饰。

亚述神塔式（Zigguart）
本词来自美索不达米亚庙宇建筑，用来形容向内阶退的金字塔形状。

索引

照片来源说明

AKG：14页右上，16页，17页，18页左上，22页，45页，64页，72页，81页，86页，87页，96页，97页，103页，108页，109页

Angelo Hornak Library：27页，28页，30页，44页，57页右上，75页，76页，79页，88页，111页右上，122页

Arcaid：20页，23页，36页，37页，39页，40页，41页，43页，50页，51页，52页，53页，55页，56/57页，59页，66页，67页，68页，69页，70页，73页，77页，80页，82页右下，83页，91页，94页右上，95页，98页，102页，104页右上，104/105页，106页，110页，111页左下，113页，114页，116页，117页，121页，125页，126页，127页中，128页，129页，130页，132/133页，134页，137页上，136/137页

Axiom Photographic Agency：100页右下，101页

Architectural Association：26页右上，46页，33页，35页左上，71页，107页，112页，120页

Bridgeman Art Library：29页，32页

J Allan Cash Ltd：61页

Edifice：34页，35页右上，78页，115页，123页，135页

Norman Foster & Associates：127页左上

Trip & Art Directors Photo Library：14/15页，19页，21页，25页，31页，38页，42页，47页，48页，49页，54页右上，58页，62页右上，62页左下，63页，65页，82页左上，99页，131页